"十二五"职业教育国家规划教材配套教学用书
旅游行业岗位技能培训教材

调酒知识与酒吧服务实训教程

（第二版）

主编 徐利国

高等教育出版社·北京

图书在版编目（CIP）数据

调酒知识与酒吧服务实训教程 / 徐利国主编. -- 2版. -- 北京：高等教育出版社, 2023.1
ISBN 978-7-04-056858-5

Ⅰ. ①调… Ⅱ. ①徐… Ⅲ. ①酒 - 调制技术 - 中等专业学校 - 教材②酒吧 - 商业服务 - 中等专业学校 - 教材
Ⅳ. ①TS972.19 ②F719.3

中国版本图书馆CIP数据核字（2021）第176081号

Tiaojiu Zhishi yu Jiuba Fuwu Shixun Jiaocheng

策划编辑 曾 娅 责任编辑 曾 娅 特约编辑 王 悦 封面设计 贺雅馨
版式设计 杜微言 责任校对 张 薇 责任印制 耿 轩

出版发行 高等教育出版社
社 址 北京市西城区德外大街4号
邮政编码 100120
印 刷 北京宏伟双华印刷有限公司
开 本 889mm × 1194mm 1/16
印 张 16
字 数 340千字
购书热线 010-58581118
咨询电话 400-810-0598
网 址 http://www.hep.edu.cn
http://www.hep.com.cn
网上订购 http://www.hepmall.com.cn
http://www.hepmall.com
http://www.hepmall.cn
版 次 2010年6月第1版
2023年1月第2版
印 次 2023年1月第1次印刷
定 价 51.80元

物 料 号 56858-00

内容提要

本书于2021年获得首届全国优秀教材二等奖。本书是“十二五”职业教育国家规划教材配套教学用书、旅游行业岗位技能培训教材，是在2010年版的基础上修订而成。

本书按照“德技并修，工学结合”的理念设计教学内容，由5个模块30个任务组成，循序渐进地介绍调酒师需要掌握的基础理论知识，着力培养学生的劳动精神、奋斗精神、创造精神和工匠精神；按调酒师成长过程，采取递进式的方法，逐一安排相应的实训内容；用图片的形式详细展示操作流程，充分体现知行合一的教学思想。

在修订过程中，对陈旧的内容做了更新，增加了近年来酒吧较为流行的调酒术语与制作方法等。另外，本书还新增了部分酒水基础知识和鸡尾酒调制的微视频，以二维码的形式呈现，增强了本书的立体感和实用性。

本书可作为职业院校旅游类专业的教学用书，也可作为社会餐饮从业人员岗位培训的参考用书和调酒爱好者的自学用书。

第二版前言

本书于2021年获得首届全国优秀教材二等奖。本书是“十二五”职业教育国家规划教材配套教学用书、旅游行业岗位技能培训教材。

本书自2010年6月出版发行以来，深受广大职业院校旅游类专业师生和餐饮行业相关从业者的青睐。近十年来，我国旅游餐饮事业蓬勃发展，调酒文化也进入了新纪元。行业从原料的创新、装饰物的变化到鸡尾酒的配方更新等在不断进步，以满足时尚、创意、环保和健康等发展的要求。

本书按照“德技并修，工学结合”的课改理念设计教学内容，循序渐进地介绍调酒师需要掌握的酒水理论知识、酒吧岗位与操作技能、出品服务等相关内容，潜移默化地培养学生的劳动精神、奋斗精神、创造精神和工匠精神，以培养高素质的调酒师。教材修订反映了当代社会进步、学科发展前沿和行业企业的新技术、新工艺和新知识。为完成此次修订，作者走访名师，深入企业一线收集素材，很好地体现了产教融合、校企合作。

本书结合配套的数字化教学资源，在2010年版的基础上，对部分基础知识和实操技能进行了调整或补充，增加了微视频教学，力求做到通俗易懂、立体呈现、与时俱进。

按本书进行教学共需146学时，具体安排见下表（供参考）：

模块类别	教学内容	学习建议	学时数			
			合计	讲授	实践	机动
模块一 我是实习调酒师	任务1	必学	4	2	2	
	任务2	必学	6	4	2	
	任务3	必学	6	4	2	
	任务4	必学	2	2	/	
	任务5	必学	8	2	6	2
	任务6	必学	4	2	2	
	任务7	必学	6	2	4	

续表

模块类别	教学内容	学习建议	学时数			
			合计	讲授	实践	机动
模块二 我能对软饮料进行服务	任务1	必学	2	2	/	
	任务2	必学	2	/	2	
	任务3	必学	2	/	2	
	任务4	必学	4	/	4	1
模块三 我开始接触酒水了	任务1	必学	4	2	2	
	任务2	必学	3	2	1	
	任务3	必学	20	10	10	2
	任务4	必学	3	2	1	
	任务5	必学	3	2	1	
	任务6	必学	3	2	1	
	任务7	必学	3	2	1	
	任务8	必学	2	1	1	
	任务9	必学	2	1	1	
	任务10	必学	2	1	1	
	任务11	必学	3	2	1	
模块四 我能按配方准确调制鸡尾酒	任务1	必学	16	4	12	2
	任务2	必学	10	2	8	
	任务3	必学	6	2	4	
模块五 我是调酒师	任务1	必学	2	1	1	
	任务2	必学	2	1	1	
	任务3	必学	8	2	6	
	任务4	必学	4	2	2	
	任务5	选学	4	2	2	
总计			146	63	83	7

本书由全国优秀教师、广东省调酒与品酒鉴赏协会会长、世界技能大赛及穗港澳蓉青年技能竞赛技术指导专家、广州市旅游商务职业学校名师工作室主持人徐利国编写，并参与书中技能演示、图片拍摄、视频录制等工作。同时，在第二版编写工作中得到广州市旅游商务职业学校梁昭儿女士的支持与帮助，在此表示衷心的感谢。

由于编写时间仓促，加上水平有限，书中难免有疏漏之处，恳请读者不吝指正。读者意见反馈信箱为zz_dzyj@pub.hep.cn。

编者

2022年11月

第一版前言

酒吧作为人们娱乐、休息的场所，在我国改革开放三十多年来得到了迅速的发展。酒吧不仅满足了中外旅游者的需要，更丰富了普通消费者的文化生活。服务于酒吧的调酒师逐渐成为一个时髦和热门的职业。

随着我国经济和教育事业的不断发展，社会对职业技能人才的需求日渐增强，对调酒技能人才的需求也呈上升趋势，各地职业院校纷纷把调酒课程纳入重点课程，尤其希望有一本实用性强的教材应用于教学。本书在充分征询调酒专家意见的基础上，在高等教育出版社、上海旅游高等专科学校、广州市教研室、广州市旅游职业学校专家的精心指导下编写完成。具有以下特色：

1. 全面、易懂

本书内容全面、通俗易懂、图文并茂、构思巧妙，精练地阐述酒水理论知识、酒吧岗位实用操作技能、出品服务等相关内容。有重点地插入实际工作需要的扩展知识，拓宽学生的知识视野，补充课外学习内容。读者既可通篇学习，也可有选择性地按照兴趣或需要挑选学习内容。通过学习掌握，完全可以做到在工作中应对自如。

2. 新奇、趣味

本书的体例与表现形式较新，以第一人称（我）在工作岗位的成长故事为主线，采取递进式的方法，逐一安排相应的实训内容。在每个活动设计中，均设立“任务导入”“学习目标”“预备知识”“工作日记”“知识延伸”“想一想”和“课后练习”等栏目，力求做到活泼新颖、循序渐进。专业学习更加“场景化”，其中“工作日记”栏目以调酒师丰富的工作经验为例子，介绍更多专业知识，趣味性与知识性相结合，使学生易于接受，乐于学习。“课后练习”与调酒师国家职业技能考试相结合，学生通过练习，考试通过率高。

3. 专业、实用

本书以大量的实际操作过程为内容，真实反映酒吧组织架构和相应的工作职责，是酒吧工作岗位与工作职能的简略缩影；贴近调酒专业的发展趋势，介绍更多国内外先进的工具、设备、原料和做法，以酒吧岗位生产流程中的职业技能要求为主线，突出知识与技能的实用性。所有操作流程等均以图片的形式详细展示出来，剖析了操作重点和难点。

本书由5个模块共30个任务组成，充分体现“任务引领、实践导向”的课程设计原则，体现在“做中学”的教学思想。课后练习可满足考试需要，内容有弹性，可同时适应日常专业教学或考证教学的需要。本书适用于职业院校旅游类专业学生，也适用于调酒从业人员或餐饮从业人员的岗位培训。

本书由全国优秀教师、广东省职业技能鉴定调酒专家组组长、广州市旅游职业学校酒店管理教学部徐利国高级讲师在总结多年调酒教学和实践经验的基础上独立编写，并亲自参与调制演示、图片摄影等工作。上海旅游高等专科学校李勇平教授负责审稿工作。同时，在编写工作中，得到了广东省职业技能鉴定指导中心傅鸫科长，广州市教育局教学研究室杜怡萍主任、陈咏科长，广州市旅游职业学校黎永泰校长、陈一萍副校长、梁昭儿老师等众多专家的支持与帮助，并提出了许多宝贵意见，在此谨致衷心的感谢。

由于编写时间仓促，加上水平有限，书中难免有疏漏和错误之处，恳请读者不吝指正。

编者
2010年2月

目录

模块一　001
我是实习调酒师

任务1　擦拭、认识酒杯 / 002
活动1　擦拭酒杯 / 002
活动2　认识酒杯 / 005

任务2　认识、摆放酒吧用具 / 008
活动1　认识酒吧用具 / 008
活动2　摆放酒吧用具 / 018

任务3　陈列酒水 / 022
活动1　懂得酒水的简易分类 / 023
活动2　摆设酒水 / 025

任务4　补充酒水，准备冰块 / 029
活动1　补充酒水 / 029
活动2　准备冰块 / 032
活动3　自制老冰 / 034

任务5　制作饮品装饰物 / 038
活动1　认识常用装饰物原料 / 038
活动2　制作常用装饰物 / 042

任务6　认识酒单 / 047

任务7　待客服务 / 052
活动1　营业中清理前吧台 / 052
活动2　斟酒水服务 / 054

模块二　057
我能对软饮料进行服务

任务1　认识软饮料 / 058

任务2　鲜榨果蔬汁 / 063
活动1　鲜榨橙汁、西瓜汁 / 063
活动2　鲜榨杧果汁 / 066

任务3　调制果蔬汁 / 070
活动1　调制青柠苏打 / 070
活动2　混合鲜榨果蔬汁 / 072

任务4　软饮料服务 / 075
活动1　矿泉水出品服务 / 075
活动2　果蔬汁出品服务 / 077
活动3　汽水出品服务 / 078

模块三　081
我开始接触酒水了

任务1　酒水类别的认识 / 082
活动1　按商品类别进行酒水分类 / 082
活动2　按生产工艺进行酒水分类 / 084

任务2　啤酒服务 / 088
活动1　向客人介绍啤酒 / 088
活动2　瓶装、罐装啤酒出品服务 / 091
活动3　生啤酒出品服务 / 093

任务3　葡萄酒服务 / 096
活动1　认识法国葡萄酒 / 098
活动2　认识德国葡萄酒 / 103

活动3 认识意大利葡萄酒 / 108
活动4 向客人介绍葡萄酒 / 111
活动5 红葡萄酒出品服务 / 112
活动6 白葡萄酒出品服务 / 115
活动7 汽酒出品服务 / 117
活动8 强化葡萄酒出品服务 / 120
活动9 零杯葡萄酒出品服务 / 122

任务4 白兰地服务 / 126
活动1 认识白兰地 / 126
活动2 白兰地出品服务 / 128

任务5 威士忌服务 / 131
活动1 认识威士忌 / 131
活动2 威士忌出品服务 / 134

任务6 特基拉服务 / 137
活动1 认识特基拉 / 137
活动2 特基拉出品服务 / 139

任务7 朗姆酒服务 / 142
活动1 认识朗姆酒 / 142
活动2 朗姆酒出品服务 / 144

任务8 伏特加服务 / 146
活动1 认识伏特加 / 146
活动2 伏特加出品服务 / 148

任务9 金酒服务 / 151
活动1 认识金酒 / 151
活动2 金酒出品服务 / 153

任务10 餐前酒服务 / 155
活动1 认识餐前酒 / 155
活动2 餐前酒出品服务 / 157

任务11 利口酒服务 / 160
活动1 认识利口酒 / 160
活动2 利口酒出品服务 / 163

模块四 167
我能按配方准确调制鸡尾酒

任务1 认识调酒的四种基本方法 / 168
活动1 搅和法操作程序 / 170
活动2 兑和法操作程序 / 173
活动3 调和法操作程序 / 180
活动4 摇和法操作程序 / 186

任务2 熟记鸡尾酒配方 / 192
活动1 熟记用搅和法调制的鸡尾酒配方 / 193
活动2 熟记用兑和法调制的鸡尾酒配方 / 197
活动3 熟记用调和法调制的鸡尾酒配方 / 200
活动4 熟记用摇和法调制的鸡尾酒配方 / 204

任务3 鸡尾酒服务 / 209

模块五 213
我是调酒师

任务1 酒水报损 / 214

任务2 酒水调拨 / 217

任务3 酒会服务 / 221
活动1 酒会前工作程序 / 221
活动2 酒会中工作程序 / 224
活动3 酒会后工作程序 / 226

任务4 营业结束工作 / 230
活动1 清理酒吧 / 230
活动2 盘存酒水 / 232

任务5 创作饮品 / 236
活动1 掌握饮品的创作方法 / 236
活动2 自创饮品 / 240

主要参考书目 243

模块一

我是实习调酒师

任务导入

我叫小徐，毕业于旅游学校的酒店管理专业。很幸运，经过面试，我被全市最高级的酒店录用，进入了我一直梦寐以求的部门——酒水部。

这一刻，我意识到我的职业生涯开始了，要珍惜这难得的机会，谨记老师的教诲，更要不懈地努力，立志做一个有理想、敢担当、能吃苦、肯奋斗的新时代好青年。相信，在不久的将来，我必定能成为一名专业的调酒师。

任务1 擦拭、认识酒杯

学习目标

1. 熟悉常用酒杯的形状、规格、用途；
2. 理解酒杯洗涤的四个基本步骤；
3. 知道酒杯的使用和管理常识；
4. 掌握酒杯擦拭的方法。

预备知识

酒杯是酒吧最主要的服务设施之一。由于酒吧使用的酒杯种类繁多，质地和形状各异，酒杯的清洁就成为酒吧工作的主要内容之一。

酒吧使用的酒杯通常是在酒吧直接清洗或送至临近酒吧的洗涤区域清洗。

活动1 擦拭酒杯

工作日记 上岗的第一天

活动场地：酒店服务酒吧。

出场角色：实习生小徐（我）、酒水部陈经理。

情境回顾：今天是我上班的第一天，酒水部陈经理给我布置了工作任务——完成今晚宴会部12席酒席用杯的擦拭工作。我在陈经理的操作指导下圆满地完成了擦拭酒杯的工作。

角色任务：请参照以下擦拭酒杯流程，使用正确方法，以实习生小徐的身份完成陈经理布置的工作任务。

擦拭酒杯操作流程

（1）准备两条清洁干爽的餐巾，一条折叠成长条状，另一条折叠成方块状［图1-1（a）］；

（2）用冰桶或容器装开水至八成满[图1-1（b）]；

（3）将酒杯口对着热水表面，让水蒸气进入杯内。当杯中充满水蒸气时，用清洁干爽的餐巾擦拭［图1-1（c）］；

（4）左手拿着方形餐巾握着酒杯底部，右手将长条状餐巾塞入杯中双手旋转擦拭，擦至杯中的水蒸气完全干净，杯子透明锃亮为止。注意：在擦拭酒杯时不可太用力，防止扭碎酒杯［图1-1（d）］；

（5）擦干净后将杯子置于灯光下照射，检查是否有未擦干净的污点［图1-1（e）］。

（a）

（b）

（c）

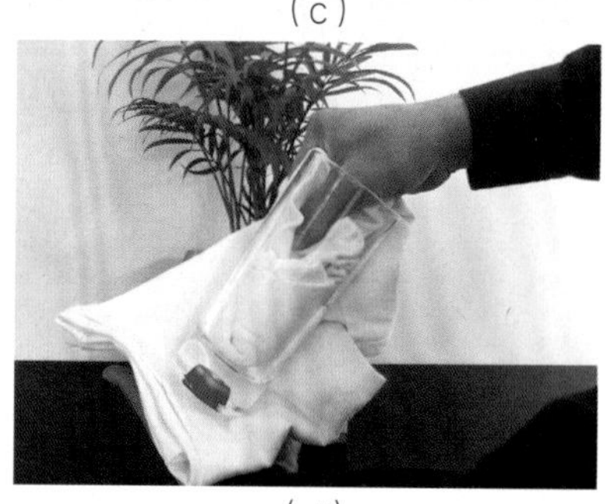

（d）

（e）

图1-1　擦拭酒杯操作流程

知识延伸

一、杯筐

杯筐是用于存放各类酒杯的塑料筐（图1-2），25只/筐的规格较常用，可与洗杯机配合，在高温下清洗酒杯。使用杯筐具有节省存放空间、提高搬运效率、保护酒杯等优点。

二、酒杯洗涤四步骤

1. 预洗

图1-2　杯筐

首先将杯中的剩余酒水饮料、鸡尾酒的装饰物、冰块等倒掉，然后用清水简单冲刷。

2. 浸泡清洗

将经过预洗的酒杯在放有洗涤剂的水槽中浸泡数分钟，然后用洗洁布分别擦洗酒杯的内外侧，特别是杯口部分，确保杯口的酒渍、口红等全部洗净。对一些像高杯、柯林杯等的高身直筒杯，可用洗杯毛刷（图1-3）或自动洗杯毛刷机来清洗酒杯的内侧和底部。

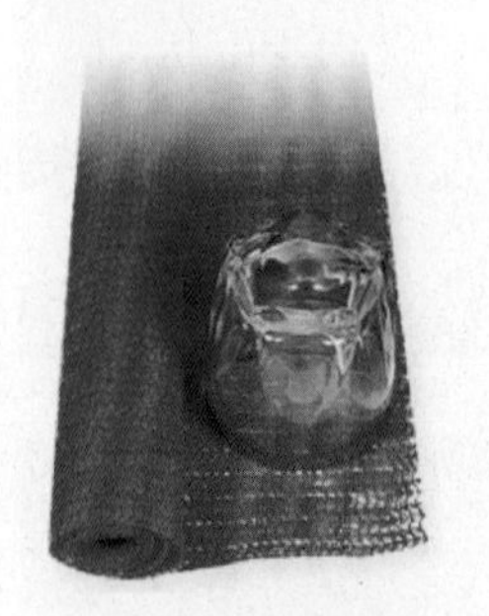
图1-3　洗杯毛刷

3. 消毒

洗净的酒杯有两种消毒方法：一是化学消毒法，即将清洗过的酒杯浸泡在专用消毒剂中消毒；二是采用电子消毒法，即将酒杯放入专门的电子消毒柜进行消毒处理。

4. 擦干

经过洗涤、消毒（电子消毒杯具除外）的酒杯必须放在滴水垫上（图1-4）沥干杯上的水，然后用干净的餐巾将酒杯内外擦干，倒扣在杯筐或酒杯储存处备用。

图1-4　滴水垫

图1-5　托送酒杯

三、酒杯使用注意事项

1. 搬运

玻璃器皿应轻拿轻放，整箱搬运时应注意外包装上的向上标记。在准备摆台时，平底无脚杯和带把的啤酒杯应该倒扣在托盘上运送；拿葡萄酒杯时，可以用手托送（戴手套），将杯脚插入手指中，平底靠近掌心（图1-5）。注意：在服务过程中，所有酒杯都必须用托盘搬运。

2. 测定耐温性能

对新购进的酒杯可进行一次耐温急变测定。测定时，可抽出几个酒杯放置在1 ~ 5℃的水中约5分钟，取出后，再用沸水冲，以没出现破裂的质量为好。

若质量稍差的酒杯可放置在锅内，加入凉水和少量食盐逐渐加热至煮沸。此法可提高酒杯的耐温性能，以利于日后的使用和洗涤。

3. 检查

在摆台前要对全部酒杯认真做好检查，酒杯不能有丝毫破损。

4. 清洗

按酒杯洗涤四个步骤完成清洗，高档酒杯宜手洗。

5. 保管

洗涤过的酒杯要分类存放好，不经常使用的酒杯要用软性材料隔开，以免直接接触发生摩擦和碰撞，造成破损。

想一想

为什么要经常擦拭酒杯？

擦拭酒杯是彻底检查杯子干净程度的重要环节，擦拭过程中重点检查未被洗涤干净的口红印、指纹印、残留的污点和水渍、灰尘和撞击破裂的缺口等。经过洗涤和擦拭后的酒杯应干爽、透亮。

活动 2　认识酒杯

工作日记　二合一的学习方法

活动场地：酒店中餐服务酒吧。

出场角色：实习生小徐（我）、领班小张。

情境回顾：这段时间以来，我每天的主要工作就是擦拭酒杯，和我想象中调酒师的工作内容相差甚远。慢慢地，我的工作热情减弱了。

领班小张似乎看懂了我的想法，找机会与我聊了起来……

小张：“在酒店工作中，隐含着许多专业知识，需要自己去留意、观察。两年前，我的角色与你一样，每天机械地重复某些工作，同样觉得很没劲。后来，酒水部陈经理向我介绍了二合一的学习方法后，提高了我的工作积极性。”

小徐（我）：“是什么方法？”

小张：“你能告诉我在这一段时间以来，你擦过哪些酒杯？每种酒杯的容量是多少？在酒店中，它们各自的编号是什么？每种酒杯的用途是什么吗？如果答不上来，则说明你每天只在简单地完成某个任务而没有留意与之相关的专业知识，这些知识就是调酒师上岗的基础。如果你能注意到这一点，相信任何工作任务都将变得有意义起来……”

就在这一刻，我意识到自己的问题出在哪里了。

角色任务：请参照以下的数据，以实习生小徐的身份边擦酒杯边进行记忆。

常用酒杯的种类

1. 柯林杯（Collins Glass）

柯林杯常用规格为12 ~ 14 oz（盎司），用于盛装各种烈酒勾兑软饮料、混合饮料及一些特定的鸡尾酒（图1-6）。

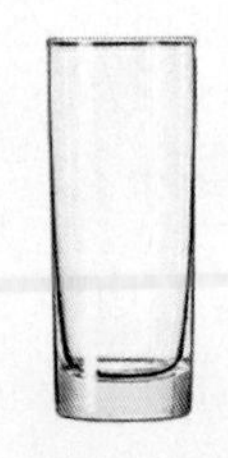
图1-6　柯林杯

2. 高杯（High Ball Glass）

高杯常用规格为8 ~ 10 oz，用于盛装各种汽水、软饮料及一些特定的鸡尾酒。柯林杯和高杯都属于平底高杯，外形相似，可从容量大小、杯口直径等方面进行区分（图1-7）。

图1-7　高杯

3. 洛克杯（Rocks Glass）

洛克杯常用规格为6 ~ 8 oz，用于盛装烈酒混合冰块、纯烈酒及一些特定的鸡尾酒（图1-8）。

图1-8　洛克杯

4. 古典杯（Old Fashion Glass）

古典杯常用规格为8 ~ 10 oz，与洛克杯属同类型酒杯，使用方法相同（图1-9）。

图1-9　古典杯

5. 鸡尾酒杯（Cocktail Glass）

鸡尾酒杯也称马天尼杯（Martini Glass），常用规格为4 oz或12 oz，用于盛装鸡尾酒和一些特殊的饮品。使用这种酒杯盛装鸡尾酒前必须经过冰杯处理或直接冷冻处理（图1-10）。

图1-10　鸡尾酒杯

6. 葡萄酒杯（Wine Glass）

葡萄酒杯容量规格多样，常用规格为12 oz，用于盛装葡萄酒和一些特殊的饮品（图1-11）。

图1-11　葡萄酒杯

知识延伸

一、盎司

英美制液体计量单位，香港译为安士，符号为“ounce”，缩写为“oz”。

1 oz（英制）= 28.41 mL

1 oz（美制）= 29.57 mL

行业中通常使用英制的液体盎司，为了便于记忆，四舍五入将其换算成1 oz ≈ 28 mL（英制）或1 oz ≈ 30 mL（美制）

二、服务酒吧

服务酒吧一般在中、西餐餐厅中设置。其服务特点是调酒师不直接对客人服务，只需按酒水单供应酒水，由服务员负责出品。

中餐厅中的服务酒吧要求较低，品种主要以中国酒为主。

西餐厅中的服务酒吧要求较高，品种主要以餐酒（葡萄酒）为主。

想一想

如何区分柯林杯和高杯？

柯林杯和高杯都属于平底高杯，外形在同一品牌下几乎一样，可通过杯口的直径、杯身的高度和容量的大小来区分。相对而言，容量大的、杯身高的是柯林杯。在没有参照物（只有一种杯子）的情况下，既可称之为高杯，又可称之为柯林杯。

课后练习

一、简答题

1. 擦拭酒杯需要哪些用品、用具？
2. 服务酒吧的服务特点是什么？

二、单项选择题

1. 葡萄酒杯一般为（　　）。

A. 宽口矮脚杯　　B. 直筒杯

C. 方口杯　　D. 高脚杯

2. 按照酒吧领班的安排，在指定的岗位调制各种饮料是（　　）的主要职责。

A. 酒吧经理　　B. 服务员

C. 实习生　　D. 调酒师

任务导入 在酒店中餐服务酒吧工作已有一段时间了，作为实习生，我除了要洗涤和擦拭杯子外，还要补充酒杯、清洁吧内的地板及其他用具等。虽然工作繁琐，但对于打好业务基础和职业意识的培养无疑是非常有帮助的。

鉴于我在近段时间内良好的工作表现及个别员工班次的临时变动，酒水部陈经理安排我明天到酒店大堂酒吧上早班。这是一个学习业务知识的好机会，我一定要好好珍惜。

任务2 认识、摆放酒吧用具

学习目标

1. 认识酒吧各类常用工具；
2. 了解各类工具的用途与用法；
3. 知道吧台区域设置（前吧、后吧和工作吧）；
4. 掌握各类酒吧工具应摆放的区域与位置。

预备知识

酒吧用具指调制饮品时所需使用的辅助工具。为方便使用及更有效地提高生产效率，每种工具都应有合适的位置来摆放。

活动1 认识酒吧用具

工作日记 我向往的大堂酒吧

活动场地：酒店大堂酒吧。

出场角色：实习生小徐（我）、领班小李。

情境回顾：大堂酒吧是酒店提供酒水的主要场所之一，除提供各类酒水品种外，还提供部分食品。大堂酒吧装修讲究，设备齐全，有优秀的调酒师、服务员为客人提供服务。有时酒吧中还配备钢琴或小乐队为客人演奏助兴。大堂酒吧的服务品质往往是酒店档次的象征。

大堂酒吧是我一直向往的工作岗位，能在这么专业的酒吧上岗，心中难免有些激动。

今早，我提前到达大堂酒吧，原以为自己是最早的，可领班小李早已领取了酒吧钥匙，正打开所有柜门做开吧的准备工作。

小李见我到岗便停下手中的工作对我说："小徐，真想不到你能提早到岗，这是个好的开始。现在时间还早，我给你介绍一下大堂酒吧开吧前的一些基本工作吧！工作包括：到前厅领取大堂酒吧钥匙，清洁酒吧台面，摆放酒水单，摆放调酒用具，摆放酒水，准备冰块，准备调酒装饰物，补充和擦拭酒杯，补充小吃等。今天是你第一天在大堂酒吧上班，对环境还不大熟悉，我觉得你从清洁酒吧台面、补充和擦拭酒杯开始比较合适，待会儿我再向你逐一介绍大堂酒吧中的各种设备和工具，好吗？"

小徐（我）："好的，那我就从清洁吧台开始吧！"

角色任务： 以实习生小徐的身份，认识大堂酒吧中的各种设备和工具。

调酒常用设备和工具

1. 英式标准摇壶（Standard Shaker）

英式标准摇壶由壶身、滤冰器和壶盖三部分组成。按容量大小分有250 mL、350 mL和530 mL等多种规格（图1-12）。

2. 美式波士顿摇壶（Boston Shaker）

美式波士顿摇壶因其操作快捷方便，是花式调酒专用工具。它由两只锥形杯组成，分别是玻璃调酒杯和不锈钢壶身，或由直径不同的两只不锈钢壶身组合而成（图1-13）。

3. 调酒杯（Mixing Glass）

调酒杯是一种阔口、高身的厚玻璃杯，规格容量为16 ~ 18 oz，常与锥形不锈钢壶身组成美式波士顿摇壶，或与吧匙、滤冰器组合使用（图1-14）。

4. 量酒器（Jigger/Measure）

量酒器是用来度量酒水分量的工具，有不锈钢和玻璃两种材质，其中不锈钢量酒器上下两头最常见的容量分别是28 mL和42 mL（图1-15）。

图1-12
英式标准摇壶

图1-13
美式波士顿摇壶

图1-14
调酒杯

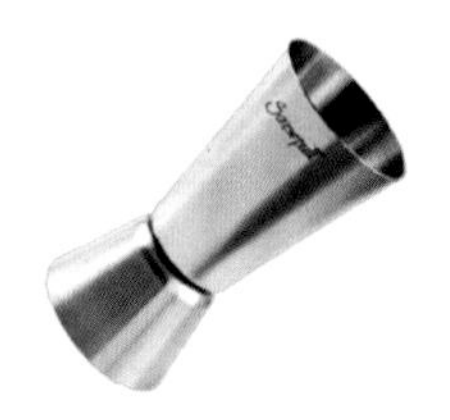

图1-15
量酒器

5. 吧匙（Bar Spoon）

吧匙是一种带有螺旋状手柄的调酒工具，是用于混合酒类的长匙。根据长短，它还分为大、中、小型号（图1-16）。

6. 滤冰器（Strainer）

滤冰器是用于过滤冰块的工具，不锈钢材质，常与美式摇壶或调酒杯组合使用，分有两脚、四脚和无脚三种，适用于16 ~ 18 oz的美式摇壶或调酒杯（图1-17）。

7. 挤汁器（Squeezer）

挤汁器专门用来挤压含果汁丰富的柠檬、橘子、橙子等水果（图1-18）。

8. 冰铲（Ice Scoop）

冰铲用不锈钢或塑料制成，用于从冰槽或冰桶中铲出冰块（图1-19）。

9. 冰夹（Ice Tongs）

冰夹常用于夹取冰块或饮品装饰物，一般用不锈钢制成（图1-20）。

10. 冰锥（Ice Pick）

冰锥是用于分离冰块的工具（图1-21）。

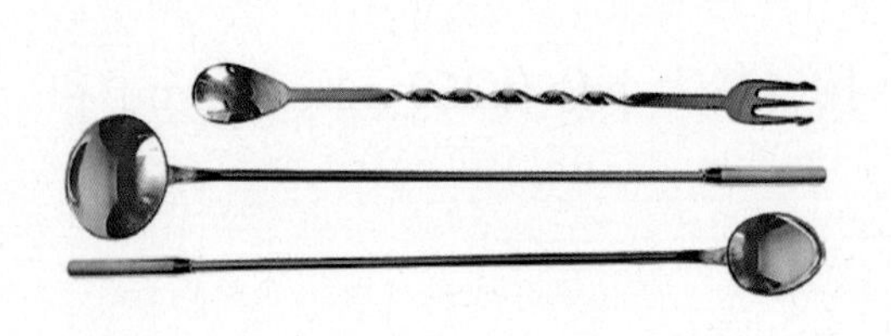

图1-16
吧匙

图1-17
滤冰器

图1-18
挤汁器

图1-19
冰铲

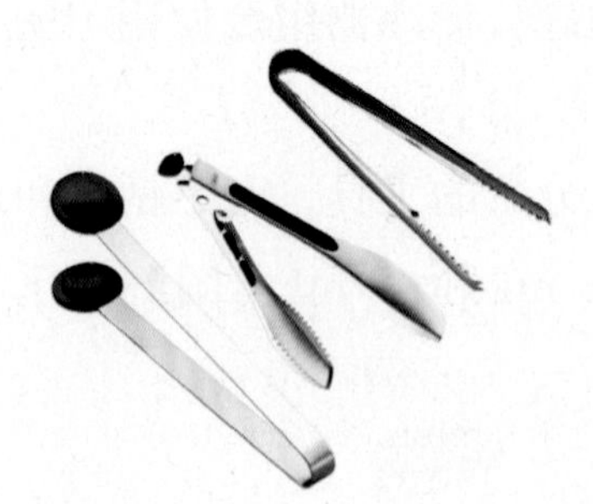

图1-20
冰夹

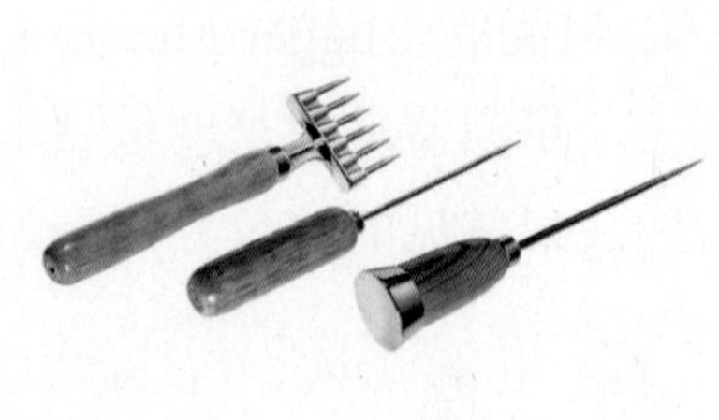

图1-21
冰锥

11. 冰桶（Ice Bucket）

冰桶用于盛放冰块或客人饮用白葡萄酒、香槟时作冰镇用，用不锈钢制成，规格型号大小不一（图1-22）。

12. 吧刀（Bar Knife）

吧刀用不锈钢制成，用于切水果及饮品装饰物（图1-23）。

13. 砧板（Cutting Board）

砧板用塑料制成，与吧刀配合用于切水果及饮品装饰物（图1-24）。

14. 削皮刀（Zester）

削皮刀是用于削出线状柠檬皮的专用刀（图1-25）。

15. 压棒（Muddler）

压棒是在调酒杯里压榨果汁的专用工具，有木材或塑料两种材质（图1-26）。

16. 吸管（Straw）

吸管是方便客人饮用加冰或大容量饮品的饮管（图1-27）。

图1-22
冰桶

图1-23
吧刀

图1-24
砧板

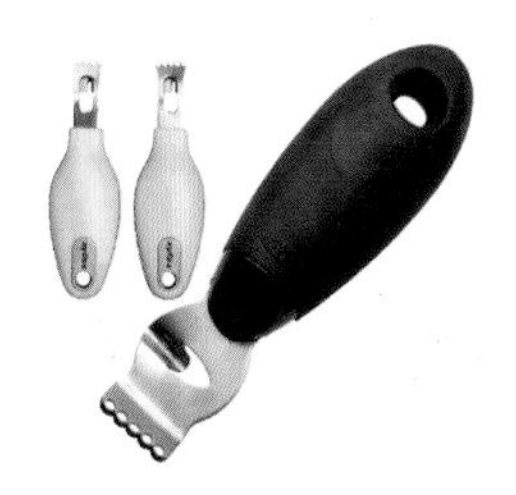

图1-25
削皮刀

图1-26
压棒

图1-27
吸管

17. 搅棒（Stirrer）

搅棒通常置于装有冰块的柯林杯或高杯中，方便客人搅拌杯中饮料（图1-28）。

18. 鸡尾酒签（Cocktail Stick）

鸡尾酒签用于穿装饰物（图1-29）。

19. 杯垫（Coaster）

杯垫用纸、皮革制成，用于垫杯或瓶装饮品，具有美观、吸水、防滑等作用（图1-30）。

20. 果汁瓶（Juice Pourer）

果汁瓶是带有倒嘴的塑料容器，用于装果汁及其他软饮料，有多种容量规格（图1-31）。

21. 挤汁壶（Squeeze Bottle）

挤汁壶是装糖浆、蛋清等原料的塑料容器（图1-32）。

22. 酒嘴（Pourer）

酒嘴插入酒瓶口上，使倒酒时更容易控制流量。酒嘴用不锈钢或塑料制成，分慢速、中速、快速三种型号（图1-33）。

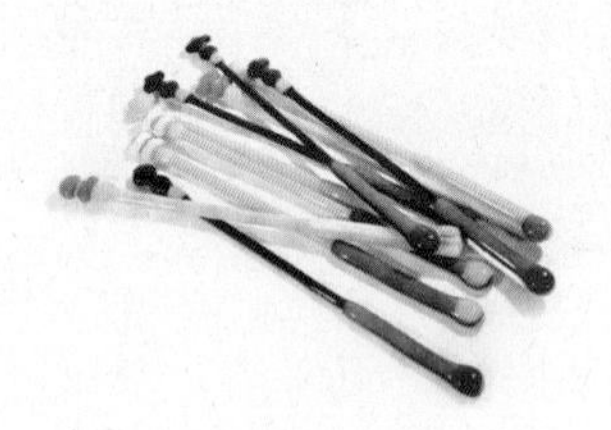

图1-28
搅棒

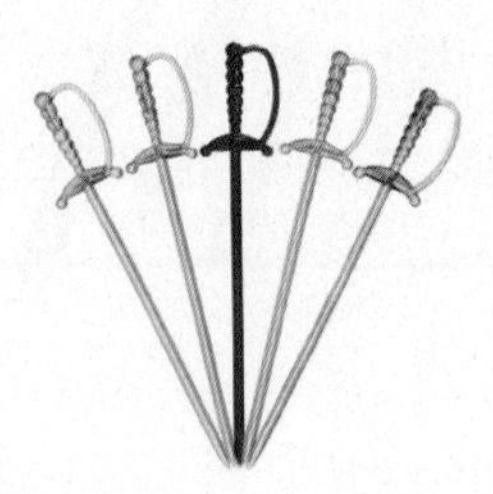

图1-29
鸡尾酒签

图1-30
杯垫

图1-31
果汁瓶

图1-32
挤汁壶

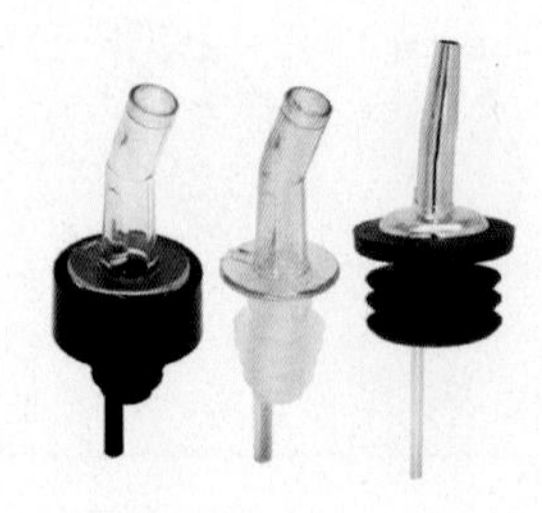

图1-33
酒嘴

23. 定量酒嘴（Upside Down Pourer）

定量酒嘴插入酒瓶口上，将酒瓶倒置并安装在酒架上。按酒嘴开关，能快速准确地流出定量酒液。每次流出30 mL是常见规格（图1-34）。

24. 酒刀（Corkscrew）

酒刀是开启葡萄酒的专用工具（图1-35）。

25. 开罐器（Can Opener）

开罐器是开启罐头的专用工具（图1-36）。

26. 瓶盖起子（Bar Blade）

瓶盖起子用于开启汽水瓶、啤酒瓶的瓶盖（图1-37）。

27. 盐边盒（Glass Rimmer）

盐边盒是做盐边杯、糖边杯的专用工具，塑料材质，可开合（图1-38）。

28. 饰物盒（Condiment Holder）

饰物盒是用于盛放装饰物的专用工具，塑料材质，能起保鲜作用（图1-39）。

图1-34
定量酒嘴

图1-35
酒刀

图1-36
开罐器

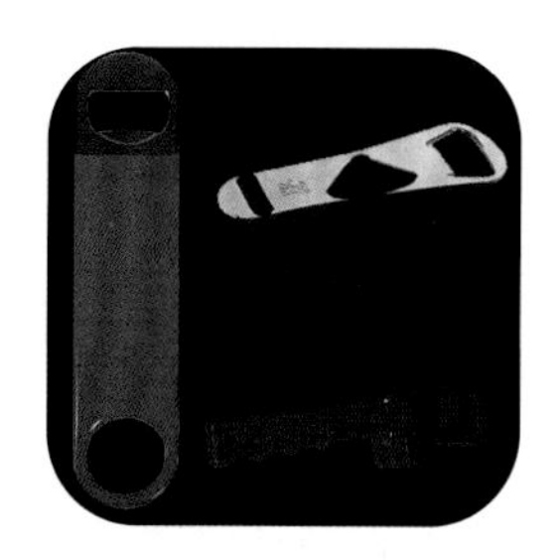

图1-37
瓶盖起子

图1-38
盐边盒

图1-39
饰物盒

29. 吸管/餐巾盒（Bar Caddy/Napkin Holder）

吸管/餐巾盒是将吸管、搅棒、纸巾等小物品集中在一起的工具，以方便拿取（图1-40）。

30. 托盘（Bar Tray）

托盘是进行酒水服务的用具（图1-41）。

31. 吧垫（Bar Mat）

吧垫是铺在吧台内工作区域的塑料垫。把摇壶、调酒杯及饮品成品等摆放在吧垫上，既能防水，又能起到保护吧台（特别是木吧台）的作用（图1-42）。

32. 地垫（Floor Mat）

地垫是铺在吧台内工作区域地面上的塑料地毯，既可防滑，又可防止玻璃杯、酒瓶不慎落地造成破碎（图1-43）。

33. 奶昔机（Milk Shake Machine）

奶昔机一般只用于搅拌奶昔（一种用鲜牛奶加冰淇淋混合的饮料），个别用摇和法调制的饮品中，也可用奶昔机替代摇和法（图1-44）。

34. 搅拌机（Blender）

搅拌机是一种带刀片高速旋转的电动工具，常用于鲜果饮品的调制，如“木瓜牛奶”（图1-45）。

图1-40
吸管/餐巾盒

图1-41
托盘

图1-42
吧垫

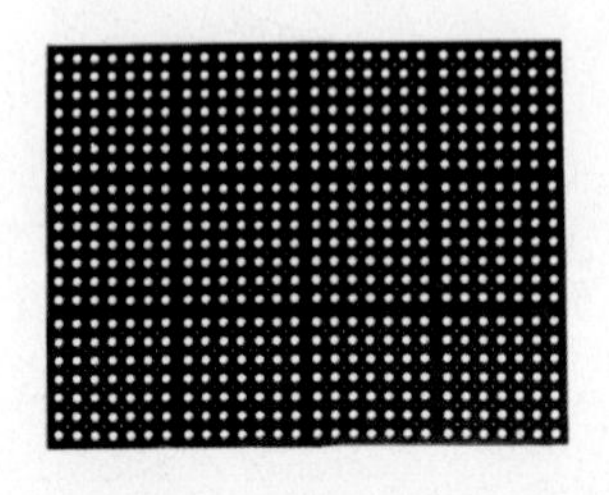

图1-43
地垫

图1-44
奶昔机

图1-45
搅拌机

35. 榨汁机（Juice Extractor）

榨汁机是用于压榨鲜果汁的工具，如西瓜汁、橙汁（图1-46）。

36. 碎冰机（Crushed Ice Machine）

碎冰机是将冰块碾磨成碎粒状的工具。使用搅拌机制作饮品时，一般都要使用碎冰机（图1-47）。

37. 制冰机（Ice Cube Machine）

制冰机是制作冰块的机器。不同型号或品牌的制冰机，制成的冰块形状也不同，常见的有四方体、圆体、扁圆体和长方条等多种形状。四方实心冰块因不易融化，适合酒吧使用。选择制冰机主要是根据制冰机24小时的制冰量来确定的（图1-48）。

38. 生啤机（Draught Machine）

生啤机是从生啤桶中压出生啤酒的制冷系统。生啤机由气瓶、制冷设备和酒桶三部分组成（图1-49）。

39. 咖啡暖炉（Coffee Warmer）

咖啡暖炉是使成品咖啡保持一定温度的工具（图1-50）。

40. 半自动咖啡机（Coffee Machine）

半自动咖啡机是制作意大利特浓咖啡的专业设备。使用时，因需通过人工磨粉、压粉等环节配合，故称“半自动”。此类机器有多种型号（图1-51）。

图1-46
榨汁机

图1-47
碎冰机

图1-48
制冰机

图1-49
生啤机

图1-50
咖啡暖炉

图1-51
半自动咖啡机

41. 咖啡研磨机（Coffee Grinder）

咖啡研磨机是研磨咖啡豆的专用工具，能准确研磨出有碎度要求的咖啡粉（图1-52）。

42. 酒吧清洗槽（Bar Sink）

酒吧清洗槽是清洗酒吧工具器皿的设备（图1-53）。

43. 酒槽（Bar Speed Rail）

酒槽是用于盛放常用酒水的不锈钢槽。一般置于调酒工作区的下方，方便操作（图1-54）。

44. 雪柜（Bar Cooler）

雪柜属于酒吧的制冷设备，分有立式与卧式两种（图1-55）。

图1-52　咖啡研磨机

图1-53　酒吧清洗槽

图1-54　酒槽

图1-55　雪柜

知识延伸

一、冰箱中保鲜容器的选择

因为塑料容器具有良好的弹性，不易因温度变化或外力的作用而破裂，具有良好的保鲜效果，所以在冰箱中使用塑料容器盛装软饮料是最佳选择。如果汁瓶，在营业中，容器上端装上酒嘴方便倒出，并将其置于冰槽冰块中冷冻保鲜。在营业后，可卸下酒嘴，盖上盖子置于冰箱中继续保鲜（注意：因罐头果汁或食品开罐后很快开始氧化并直接影响食品质量，所以开罐后应以有盖的塑料容器盛装并存放在冰箱中保鲜）。

二、软饮料的定义

软饮料指酒精含量低于0.5%的天然或人工配制的饮料。软饮料，品种繁多，在酒吧中泛指三类：汽水（图1-56）、果汁（图1-57）和矿泉水（图1-58）。

图1-56　汽水

图1-57　果汁

图1-58　矿泉水

三、吸管的种类

吸管的种类

- 直向吸管（Straight Straws）
- 万向吸管（Articulated Straws）
- 疯狂吸管（Crazy Straws）
- 长吸管（Extendo Straws）
- 咖啡吸管（Coffee Straws）
- 粗吸管（Wide Straws）
- 勺子吸管（Spoon Straws）
- 过滤式吸管勺（Filter Straws & Spoon）
- 糖果吸管（Candy Straws）
- 谷物吸管（Cereal Straws）
- 魔力牛奶吸管（Magic Milk Straws）

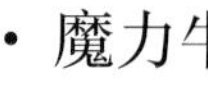

- 聚苯乙烯吸管（Polystyrene Straws）
- 聚丙烯吸管（Polypropylene Straws）
- 纸吸管（Paper Straws）
- 麦秆吸管（Straw Straws）
- 聚乳酸吸管（Polylactic Acid Straws-PLA）
- 意面吸管（Pasta Straws）
- 竹吸管（Bamboo Straws）
- 金属吸管（Metal Straws）
- 玻璃吸管（Glass Straws）
- 硅胶吸管（Silicone Straws）

想一想

英式摇壶、美式摇壶与法式摇壶在使用上有何异同？

用摇壶摇制饮品，目的就是快速冷冻、混合和稀释饮品；由于摇壶型号不同，其材质与体积也不尽相同，根据要调制饮品的特质，如何有效控制冰块出水率、碎冰率是摇壶类别选择的重要依据。

具体见表1-1。

表1-1　英式摇壶、美式摇壶与法式摇壶比较

项目	英式摇壶	美式摇壶	法式摇壶
组件	三片式（3 Pieces）	两片式（2 Pieces）	两片式（2 Pieces）
英文及样式	Cobbler Shaker	Boston Shaker	French Shaker
	Baron Shaker	Tin on Tin	Parisian Shaker
产生的碎冰	有	多	多
适合调制	短饮	一次多杯或长饮	一次多杯或长饮

活动2　摆放酒吧用具

工作日记　冰铲的摆放

活动场地：酒店大堂酒吧。

出场角色：实习生小徐（我）、领班小李。

情境回顾：酒吧在营业结束后需要将部分工具、器皿以及酒水原料收拢保管起来，到第二天营业前再重新摆放出去。

今天是我在大堂酒吧上班的第二天。领班小李正指引我摆放各类调酒工具与器皿……

小李："每种用具的摆放都有相应位置，如摆放不合理会降低工作效率和设备的使用寿命。例如，摆放冰铲，按标准应置于制冰机外侧（外挂于机身旁）。若冰铲置于制冰机内，当冰块制满后，冰铲也就被压在制冰机储冰槽底部而很难取出了。"

小徐（我）："如何取出被压着的冰铲，用手去挖？"

小李："有职业道德的员工绝不会用手接触冰块。如要取出冰铲，可用另一只冰铲将冰块掏出后再取出。用于制作饮品的冰块在使用时是有要求的：① 冰块要绝对新鲜；② 冰块应是干爽的，没有被融化的冰水浸泡着；③ 冰块也是食品，因此要绝对干净，对待冰块应像对待食品一样严格；④ 绝不能使用玻璃杯铲冰块。"

角色任务：请参照以下内容，以实习生小徐的身份按实际情况合理摆放调酒用具。

摆放调酒用具

酒吧外观及酒吧工作区见图1-59和图1-60。

图1-59　酒吧外观

（1）制冰机——安放于工作吧台区域。

（2）搅拌机——放置于工作吧台上。

（3）蒸馏咖啡炉——放置于前吧台或工作吧台上。

（4）咖啡暖炉——放置于前吧台或工作吧台上。

（5）冰铲——放置于制冰机旁或酒吧冰槽上方。

（6）酒吧清洗水槽——通常为一格或两格。水槽、冰槽位置按实际需要可自行设置。整个槽体安放于工作吧台区域。

（7）酒水牌（酒单）——放置于前吧台上。

（8）垃圾桶——安放于工作吧台区域，一般可放置在清洗水槽下方。

（9）吧垫1——放置于前吧台或工作吧台上。

（10）榨汁机——放置于工作吧台上。

（11）吧垫2——放置于前吧台或工作吧台上。

（12）量酒器——放置于前吧台或工作吧台上。

（13）英式标准摇壶——放置于前吧台或工作吧台上。

（14）酒吧冰槽——清洗槽中的一格或两格。水槽、冰槽位置按实际需要可自行设置。整个槽体安放于工作吧台区域。

（15）酒槽——安装在星盘或工作台一侧。

（16）带酒嘴的酒瓶——一般放置在酒槽内，也可置于后吧台上。

（17）碎冰机——放置于工作吧台或星盘上。

（18）吸管/餐巾盒——放置于前吧台上。

（19）果汁瓶——放置在带制冷的工作台槽中或置于冰槽里。

（20）挤汁壶——放置于工作吧台上。

（21）饰物盒——放置于工作吧台上。

（22）前吧台——位于整个吧台区域的前区。

（23）工作吧台——位于整个吧台区域的中区。

（24）后吧台——位于整个吧台区域的后区。

（25）雪柜——安放于工作吧台或后吧台区域。

（26）小工具盒——放置于工作吧台或后吧台上。

（27）奶昔机——放置于工作吧台上。

（a）

（b）

（c）

图1-60　吧台工作区

知识延伸

图1-61　前吧台

图1-62　工作吧台

图1-63　后吧台

一、前吧台

前吧台，配有高吧凳，在前吧台的客人可直接向调酒师点饮品。前吧台的高度一般在110 ~ 120 cm，台面宽50 ~ 75 cm（图1-61）。

二、工作吧台

工作吧台是调酒师工作的主要区域，位于前吧台后侧下方，台面高度为80 cm。在酒吧中，通常使用卧式雪柜作冷藏柜，雪柜也是工作吧台的组成部分。在工作吧台上，除摆放一些常用杯具外，还可准备饮料和切水果（图1-62）。

三、后吧台

后吧台位于前吧台的正后方，主要用于展示酒水、储存酒水和摆放酒杯等物品（图1-63）。

想一想

摆设调酒用具与酒杯有哪些细则？

1. 调酒用具摆放细则

（1）先清洁吧台（前吧、工作吧和后吧），吧台应干净、无尘、无水渍；

（2）按相应位置摆设调酒用具；

（3）放置合理，伸手可及，便于工作。

2. 酒杯摆设细则

（1）先清洁吧台（工作吧和后吧），吧台面应干净、无尘、无水渍；

（2）在工作吧或后吧的某个区域上铺上干净的白台布或滴水垫；

（3）擦拭酒杯并按相应位置摆设酒杯（杯具无水渍、破口、口红印）；

（4）根据预计的客流量和使用的频率来确定所需的酒杯及数量；

（5）酒杯应倒扣在干净的白台布或滴水垫上，常用的酒杯应摆在伸手可及的位置上；

（6）酒杯可分悬挂与摆放两种。悬挂的酒杯主要是烘托酒吧气氛，一般不使用。

课后练习

一、简答题

1. 用于制作饮品的冰块在使用时有哪些要求？
2. 什么是“奶昔”？
3. 摆设调酒用具与酒杯的细则是什么？

二、判断题

1.（　　）进行酒水服务的用具包括托盘。
2.（　　）鸡尾酒签的英文是Cocktail Pick。
3.（　　）酒水牌（酒单）是酒水服务用具之一。
4.（　　）Zester翻译成中文是削皮刀。
5.（　　）前吧台的标准高度应高于130 cm。
6.（　　）选择制冰机主要是根据实际用量与制冰机24小时的制冰量来确定。
7.（　　）冰桶是用来盛放冰块的不锈钢容器。
8.（　　）调酒壶的英文名称是Shaker。
9.（　　）对于一个设备、设施比较完善的酒吧，生啤机应放置在后吧。
10.（　　）电动搅拌机应放置在前吧。
11.（　　）酒吧的制冷设备主要有冰箱、立式雪柜、制冰机、碎冰机和生啤机。

三、单项选择题

1. 前吧台台面宽度一般在（　　）。

A．115 cm　　B．100 ~ 150 cm
C．50 ~ 75 cm　　D．95 cm

2. 卧式冰柜、冰箱、立式雪柜属于酒吧的（　　）。

A．制冷设备　　B．冷藏设备
C．生产设备　　D．清洗设备

任务导入

吧台摆设主要有瓶装酒摆设、酒杯摆设和工具设备摆设。摆设要讲究美观大方、有吸引力、方便工作、专业性强。酒吧的气氛和吸引力往往集中在瓶装酒和酒杯的摆设上。摆设要让客人一看就知道这是酒吧，是品酒的地方。

任务3
陈列酒水

学习目标

1. 掌握酒的定义、酒水的基础知识；
2. 掌握酒水的简易分类方法；
3. 能够区分酒度；
4. 熟悉瓶装酒摆放的程序；
5. 掌握瓶装酒摆放的原则。

预备知识

酒是一种用水果、谷物、花瓣或其他含有糖分或淀粉的植物经过发酵、蒸馏、陈化等方法生产出的含食用酒精的饮料。

酒是一种有机化合物，是可以自然生成的。糖在酶的作用下，生成酒精（酒精的化学名称是乙醇）。酒是含有酒精的饮品，因此，只有当饮品中含有酒精才可以称为酒。

美国《韦氏辞典》对酒的定义为："凡酒精含量在0.5% ~ 75.5%Vol.的酒精饮料都可以称为酒。"

酒吧里的饮料通常被称为"酒水"，包括酒精饮料和无酒精饮料两大类，但是水、药剂、纯酒精不属于酒水范围。

活动1　懂得酒水的简易分类

工作日记　擦酒瓶

活动场地：酒店大堂酒吧。

出场角色：实习生小徐（我）、领班小李。

情境回顾：今天是我在大堂酒吧上班的第三天。当完成调酒用具摆放的工作任务后，领班小李让我与他一起清洁酒架上的瓶装酒。

小徐（我）："为什么每天都要对酒瓶进行清洁呢？"

小李："因为瓶装酒在散卖或调酒时，瓶颈上残留的酒液会使酒瓶外表变得黏滑，特别是餐后甜酒，由于富含糖分，如果不经常清洁，残留在瓶口处的酒液会生成结晶，直接影响开吧。所以，清洁酒瓶的瓶身与瓶口是酒吧开吧的工作任务之一，通常安排在摆设酒瓶环节中进行。"

我望着后吧台上各式各样的酒瓶说："那么多的酒水，何时才能把它们记住啊？"

小李："酒是一个大家族，识别酒水需要掌握酒水分类的知识。为了更有效地学习和记忆各类酒水知识，学会分类是最好的学习方法。来！让我们一边清洁酒瓶一边学习酒的分类方法吧！"

角色任务：以实习生小徐的身份，掌握酒水基础知识。

一、以生产原料划分酒的种类

1. 水果类（图1-64）

以各种水果为原料，经过发酵，有些需经过蒸馏或配制制成的酒，如葡萄酒、白兰地。

2. 粮食类（图1-65）

以各种谷物为原料，经过发酵，有些需经过蒸馏制成的酒，如啤酒、米酒、威士忌酒。

3. 果杂类（图1-66）

以植物根茎为原料，经过发酵，有些需经过蒸馏或配制制成的酒，如以甘蔗为原料生产的朗姆酒。

图1-64　水果类

图1-65　粮食类

图1-66　果杂类

二、以酒精浓度高低划分酒的种类

1. 低度酒

酒度在20%Vol.以下的酒，如啤酒、葡萄酒。

2. 中度酒

酒度在20% ~ 40%Vol.的酒，如黄酒及大部分餐后甜酒。

3. 高度酒

酒度高于40%Vol.的酒，如白兰地、威士忌。

知识延伸

一、酒的生产环节

1. 糖化

糖化是把酿酒原料中的淀粉转化成单糖的工艺。水果类原料富含单糖，不需要糖化，可以直接发酵成酒。糖类按其化学结构可分为单糖、双糖和多糖。

2. 发酵

发酵是酵母把酿酒原料中的糖转化为酒精的工艺。通过发酵得到的酒液的酒精含量最高可达15%Vol.。

3. 蒸馏

蒸馏是提升酒精浓度的工艺。生产烈性酒一般都要重复应用蒸馏工艺。

4. 陈化

陈化是改善酒质的工艺。为使酒质变得更醇厚、柔和，把酒放置于容器中一段时间，让酒进一步成熟。绝大多数酒都需进行陈化。

5. 勾兑

勾兑是将不同年份或不同来源的酒混合在一起的工艺。通过勾兑能使酒体质量更完美。

二、乙醇的物理特点

乙醇（Ethyl Alcohol）也称酒精，是酒中最主要的成分，常温下无色透明，易燃、易挥发，具有特殊香味和辛辣味，其沸点为78.3℃，熔点为-114℃。

三、酒精浓度

酒精是酒液中的重要成分，酒度（也称酒精度）表示酒中含酒精的体积百分比。目前，国际上有三种方式表示酒度：标准酒度、美制酒度和英制酒度。其中，标准酒度最常用。

1. 标准酒度（Alcohol by Volume）

标准酒度是法国化学家盖·吕萨克（Gay Lussac）首先使用的一种酒度表示法，又称为盖·吕萨克法。它指在室温20℃的条件下，每100 mL酒液中含有酒精的毫升数。常见的表示方法有：百分比表示法（% Vol.）、GL表示法和符号标记“°”表示法。其中，百分比表示法最为常用（图1-67）。

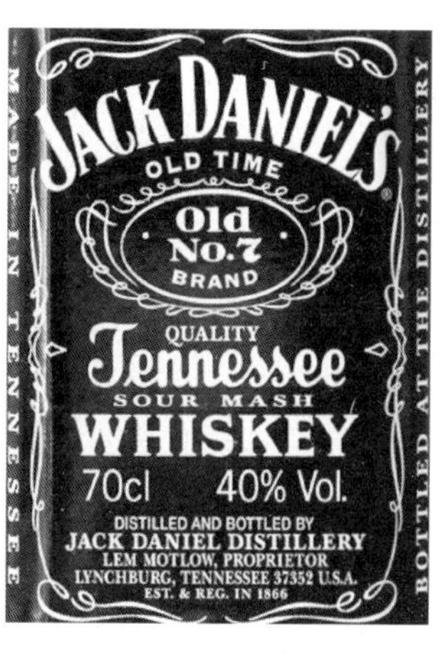

图1-67　标准酒度标记

2. 美制酒度（Proof）

美制酒度用“Proof”表示，1美制酒度相当于0.5%的酒精含量（图1-68）。

1标准酒度=2美制酒度

图1-68　美制酒度标记

3. 英制酒度（Sikes）

英制酒度是18世纪由英国人克拉克（Clark）首先使用的一种酒度表示法。目前，一些英联邦国家仍在使用。

1标准酒度=1.75英制酒度

想一想

标准酒度、美制酒度和英制酒度应如何换算？

1 标准酒度 = 2美制酒度 = 1.75 英制酒度

活动 2　摆设酒水

工作日记　广告酒瓶

活动场地：酒店大堂酒吧。

出场角色：实习生小徐（我）、领班小李。

情境回顾：我和小李正一边清洁酒瓶一边摆设酒水……

小徐（我）：“不同的酒店、不同的酒吧在陈列酒水时摆放的位置是否都一模一样呢？”

小李：“不完全一样，但摆放的方法基本上是一致的。除了按原则摆放外，有些酒吧还要求把酒摆放在固定的位置上，目的在于方便盘点和准确出品。”

小徐（我）：“我们的大堂吧也是这样要求的吗？”

小李：“是的。”

小徐（我）：“如果摆错位置或陈列酒水时不按要求摆设会造成怎样的后果？”

小李：“轻则出品错误，造成酒店损失，重则可能会对客人健康造成伤害。”

小徐（我）：“会这么严重吗？”

小李：“曾有一品牌白兰地公司为酒店送来了一批仿真广告瓶，虽然标识上注着‘非饮用’字样，但由于仿真度极高，酒水部陈经理担心会造成出品错误，马上退回了这批广告瓶。你想想看，如果有这样一瓶摆在了不应该摆放的位置上，后果会怎样呢？”

小徐（我）：“后果不堪设想！”

角色任务：请参照下图，以实习生小徐的身份，按酒水摆设的工作程序合理摆放瓶装酒。

一、后吧瓶装酒摆设工作程序

1. 清洁酒架

要求：酒架无尘，无水渍。

过程：先用湿抹布，后用干抹布擦拭酒架（图1-69和图1-70）。

2. 酒瓶清洁

要求：瓶体干净，商标无破损；打开瓶盖后，瓶口应干爽、不黏滑、无结晶。

过程：用湿抹布擦拭酒瓶及瓶口（图1-71、图1-72和图1-73）。

3. 酒瓶摆设

要求：整齐有序。

过程：按摆设原则逐一进行（图1-74和图1-75）。

二、后吧瓶装酒摆设原则

（1）按类别摆放，例如烈酒类和甜酒类的酒要分开摆放；

（2）进价贵的与进价便宜的酒分开摆放；

图1-69　湿抹

图1-70　干抹

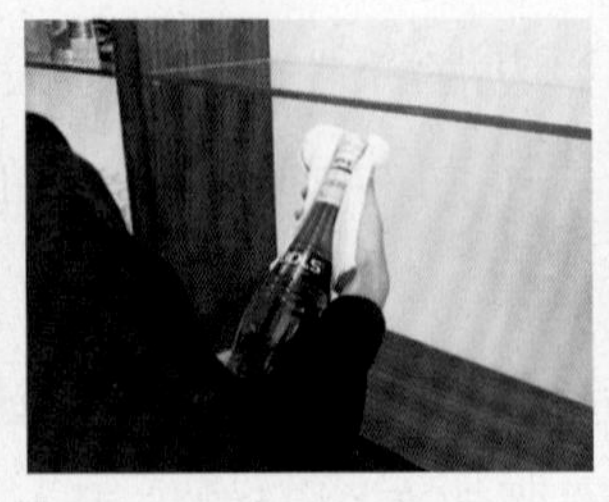

图1-71　擦拭酒瓶

图1-72　擦拭瓶口

图1-73 瓶口的酒垢

图1-74 摆放酒水

图1-75 酒水分类摆放

（3）名贵酒应放在酒架的高处；

（4）酒瓶与酒瓶之间要有间隙，所有酒瓶的酒标都应正面朝向客人；

（5）酒吧专用酒与陈列酒要分开摆放，酒吧专用酒应放在伸手可及的位置。

三、酒槽中瓶装酒摆设原则

（1）按类别摆放；

（2）酒标正面应朝向调酒师；

（3）瓶口上插入酒嘴，嘴孔统一向左（图1-76）；

（4）营业结束后卸下酒嘴，重新扭上瓶盖（酒嘴应每天用水清洗后晾干；每周在冰桶中用苏打水浸泡一夜，将酒嘴内里的酒垢溶解）。

图1-76 酒槽中瓶装酒摆设

想一想

酒吧专用酒的设置有何意义？

① 控制成本；

② 统一质量；

③ 方便核算。

知识延伸

酒吧专用酒

为了控制成本和制定调酒标准，酒吧通常固定使用某些品牌的酒用于调酒和散卖，称为酒吧专用酒（House Pouring）。酒吧专用酒并不是固定的，不同的酒吧会根据实际需要自行设定某些品牌的酒作为酒吧专用酒。酒吧专用酒一般是由一些进价便宜、质量好且比较流行的品牌组成。酒吧专用酒通常由酒吧经理决定。

课后练习

一、判断题

1.（　　）酒的主要成分是乙醇和水。

2.（　　）糖类按其化学结构可分为单糖、双糖和多糖。

二、单项选择题

1.《韦氏辞典》中关于酒的定义是这样说的：凡酒精含量在（　　）Vol.的酒精饮料都可称为酒。

A．45.5% ~ 90.5%　　B．0.5% ~ 75.5%

C．90%以上　　D．65.5% ~ 85.5%

2. 在酒的生产过程中，必须经过（　　）工艺，才能产生酒精。

A．蒸馏　　B．发酵　　C．糖化　　D．陈化

3. 酒的生产是建立在微生物基础上的，酿酒原料中的糖在（　　）的作用下，最终转化为乙醇。

A．乙醛　　B．丙醛　　C．甲醇　　D．酶

任务导入 补充酒水和准备冰块是酒吧营业前的一项工作，也是十分重要的一个环节。充足的存货是酒吧正常营业的基础。此项工作一般安排在早班进行。

任务4
补充酒水，准备冰块

学习目标

1．掌握领用、补充酒水的工作流程；
2．知道补充酒水时应注意的事项；
3．熟悉酒水领货单的内容；
4．掌握准备冰块的工作流程；
5．知道冰块的种类与用途；
6．掌握自制老冰的技巧。

预备知识

当酒吧营业结束后，酒水原料库存量也相应减少，个别品种还可能沽清。准确补充酒水原料是翌日营业的保证。

晚班营业结束后，调酒师将酒吧库存的“实际盘存数”与“酒吧标准存货数”进行对照，列出短缺原料的实际数量，然后填写“酒水原料领货单”交由酒吧经理或主管签字确认。

上早班的调酒师凭“酒水原料领货单”到仓库落单和提货，为全天的营业做好准备工作。

活动1　补充酒水

工作日记　申领酒水的失误事件

活动场地：酒店大堂酒吧。

出场角色：实习生小徐（我）、领班小李、调酒师小莫。

情境回顾：早上，领班小李正翻阅交班记事簿，昨天上晚班的同事在交班记事簿中提醒到：明天将有一个德国旅游团入住酒店，并预订明晚在大堂酒吧搞活动，请按领货单准确补充酒水原料。

小李："小徐，你去取提货手拉车，然后和小莫一起到货仓提取酒水原料吧！"

小徐（我）："好的。"

在通往货仓的员工通道上，我和小莫聊了起来。

小徐（我）："每天都要补充酒水原料吗？"

小莫："如果酒吧每天都在营业，应每天进行。"

小徐（我）："提取酒水原料时要注意什么问题？"

小莫："不要打破酒瓶，不要少领原料。若是货仓原因造成不能领齐酒水原料时，应马上向酒吧领导汇报。"

小徐（我）："你失误过吗？"

小莫："有一次，营业结束时由我负责填写酒水原料领货单，由于我的粗心大意，把百威啤酒的单位由'箱'写成了'瓶'，造成第二天营业不久酒水就脱销了。"

小徐（我）："不可以马上到货仓补充酒水吗？"

小莫："在酒店，每个部门都有特定的领货时间，一般不可随时领用。"

小徐（我）："后来是怎样解决的呢？"

小莫："酒水调拨……这个以后再慢慢跟你说吧！"

小徐（我）："你可以向我介绍如何填写酒水原料领货单吗？"

小莫："等一会儿在擦杯子的时候我给你介绍……"

角色任务：以实习生小徐的身份，熟悉酒水原料领货单的内容。

一、领用酒水原料工作流程

1. 填写酒水原料领货单（晚班负责）

酒水原料领货单（样单）见表1-2。

表1-2　酒水原料领货单（样单）

部门：大堂酒吧　　　　日期：××年××月××日

编号	品种	规格	单位	领货数量	实发数量	单价（元）	总金额	备注
0101	皇冠伏特加	750 mL	瓶	4	4	90	360	
0218	甘露咖啡酒	750 mL	瓶	2	2	110	220	
0628	雀巢三花淡奶	410 g	罐	24	22	7	154	
0401	喜力啤酒	330 mL	箱	4	5	120	600	瓶装

制表人：×××　　　　部门经理：×××

发货人：×××　　　　领 货 人：×××

主要填写如下内容（阴影部分由当班调酒师或酒吧领班负责填写）:

编号——酒店对酒水原料的自编码；

品种——酒水原料的全称；

规格——酒水原料的容量、重量等；

单位——酒水原料的计算单位，如以瓶或罐为单位；

领货数量——酒吧计划领用原料的数量；

实发数量——发货人根据货仓实际情况发放的原料数量；

单价——酒水原料的进货价格。此栏目由仓库管理员或核算部负责填写；

总金额——每项已领用酒水原料的总金额。此栏目由仓库管理员或核算部负责填写。

酒水原料领货单一般为一式三联。第一联交财务部进行成本核算，第二联由发货仓库留存记账，第三联由领用酒水酒吧留存记账。

2. 从货仓提货（早班负责）

（1）酒水原料领货单填写好后交由酒水部经理签名确认（晚班）；

（2）根据酒店货仓所规定的领货时间，凭酒水领货单到货仓提货；

（3）在领酒水原料时要清点数量、核对名称，以免造成误差；

（4）领货人在领货单上签名后领回酒水。

3. 补充酒水原料（早班负责）

（1）啤酒、矿泉水、汽水应擦拭干净后补充入雪柜内；

（2）所有酒水要擦拭酒瓶后方可放入柜中或摆上酒架；

（3）补充酒水原料时应遵循先进先出原则，特别是保质期短的原料；

（4）在酒水销售盘存表中登记好当日酒水原料领入数，以便营业结束后统计实存数。

二、补充、陈列酒水原料应注意的事项

（1）领用酒水原料及摆放时应轻拿轻放，避免造成破漏；

（2）每天必须对雪柜进行清洁，将雪柜内侧、隔层架擦干净，雪柜底部不能有积水；

（3）瓶装酒除日常外部清洁外，还需定期清洁瓶口；

（4）检查酒水、饮料的保质期。

知识延伸

一、先进先出原则

每天补充酒水、饮料时都要进行位置倒换，避免雪柜内侧的酒水、饮料变质。

二、酒吧标准存货

为避免酒吧补充酒水原料时因领进数量过多或过少而引起的各类问题，酒水部根据实际情况，设定出一个既不会造成原料积压也不会造成严重脱销的存货数。例如皇冠伏特加的标准存货数是10瓶，当晚实际盘存数为6瓶，第二天如没有特殊情况，补充数应为4瓶。

想一想

对酒水原料进行冷藏的目的是什么？

（1）冷藏酒水原料，达到最佳饮用效果；

（2）抑制细菌繁殖，延长酒水原料保质期。

活动2　准备冰块

工作日记　新鲜的冰块

活动场地：酒店大堂酒吧。

出场角色：实习生小徐（我）、领班小李。

情境回顾：我与小莫把应领取的酒水原料顺利地从货仓拉回到大堂酒吧。这时，领班小李正往冰槽里补充冰块……

小李："冰块是调制冷冻饮品的必备材料。它能让饮品增加口感，达到最佳饮用效果。调制鸡尾酒一般使用新鲜的实心方形冰块。"

小徐（我）："冰块也有新鲜与否之分吗？"

小李："冰块的温度一般在-20 ~ 0℃。越接近0℃的冰块融化速度越快，若饮品的浓度被过分稀释会大大降低其质量，因此调制饮品时尽可能使用新鲜冰块。"

小徐（我）："如何鉴别冰块的新鲜程度？"

小李："新鲜冰块表面起霜雾，透光度低，冰块边缘起边角。不新鲜的冰块表面光洁，晶亮透心，冰块外形圆滑。"

角色任务：请参照下图，以实习生小徐的身份准备冰块。

准备冰块工作流程

（1）检查制冰机运行是否正常［图1-77（a）］；

（2）检查冰槽排水口排水是否迅捷，冰槽是否有异味［图1-77（b）］；

（3）用大号冰铲从制冰机中取出冰块并倒入冰槽中［图1-77（c）］；

（4）如制冰机与冰槽相隔距离较远，可用铺有白台布的容器盛装冰块运至冰槽［图1-77（d）］；

（5）冰铲与冰块分开摆放［图1-77（e）］。

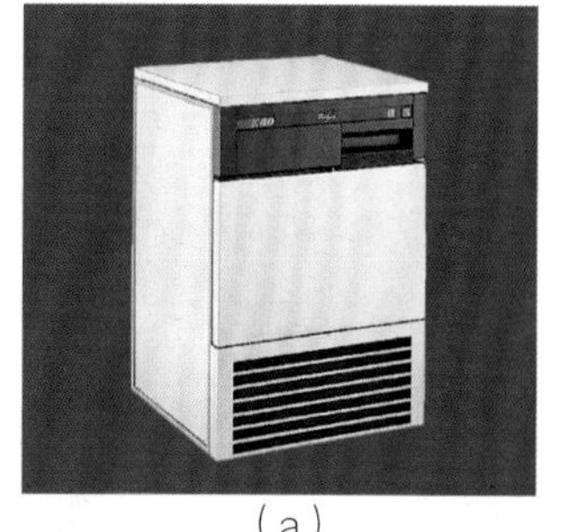
（a）

（b）

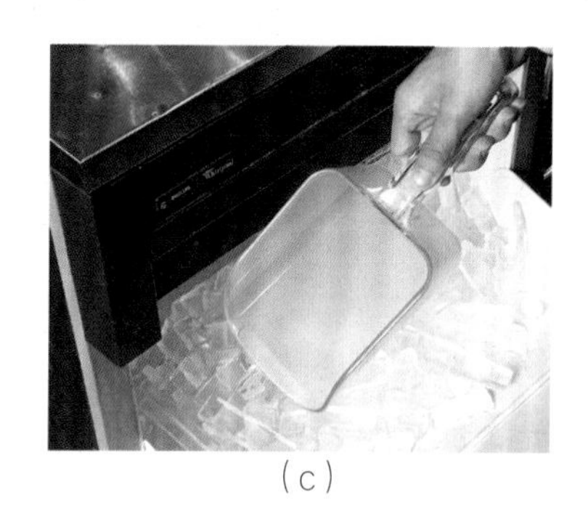
（c）

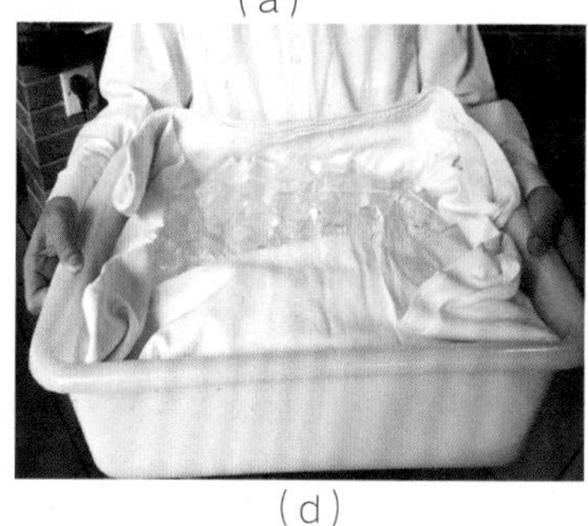
（d）

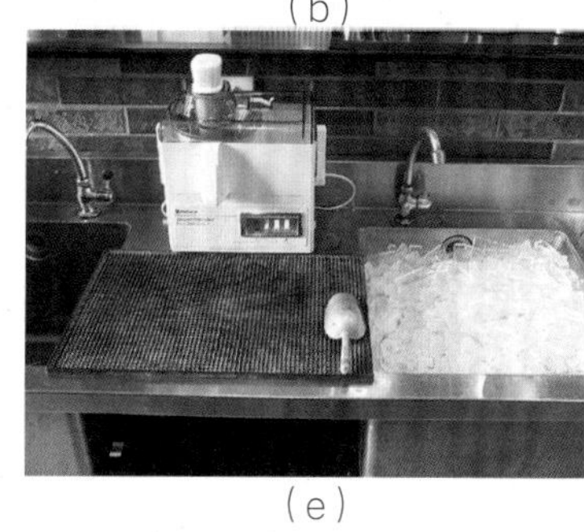
（e）

图1-77　准备冰块工作流程

知识延伸

专业用语“On the Rock”

“On the Rock”是加冰块的意思，指预先在杯中放入冰块，再把酒淋在冰块上（图1-78）。

图1-78
酒水加冰块

想一想

为什么不能直接用玻璃杯铲冰？

（1）玻璃杯是易碎品，直接铲冰容易碎裂；

（2）碎裂的玻璃块与冰块在外观上极为相似，不易取出；

（3）不符合杯具使用的卫生标准。

活动3 自制老冰

工作日记 冰球与威士忌

活动场地： 酒店大堂酒吧。

出场角色： 实习生小徐（我）、领班小李。

情境回顾： 小徐（我）："为客人服务加冰威士忌时，为什么最好选用硬度高的冰块？"

小李："行业中把这种硬度高的冰块称为老冰，它是由水晶冰再冷冻之后得来的，既可急冷威士忌，又不会因过分融化而影响口感。"

小徐（我）："我听说，冰块的形状也会影响其融化速度？"

小李："是的，用同等质量的冰球与方冰做比较，由于冰球的表面积比方冰小，所以冰球的融化速度会更慢一些。"

小徐（我）："那就是说，用冰球冷冻威士忌效果更好，对吗？"

小李："是的，冰球既可冷冻威士忌又可用于装饰，深受客人追捧。"

小徐（我）："那么，如果客人点威士忌加冰水呢？该选用什么冰块？"

小李："饮用稀释威士忌（加冰水），小冰块或碎冰是不错的选择。"

角色任务： 以实习生小徐的身份，学习如何自制老冰。

一、冰块的种类与用途

冰块的种类与用途

1. 通用冰块（Cube Ice）

通用冰块指制冰机生产的冰块。由于生产效率高，使用方便，因此一直被餐饮行业广泛使用（图1-79）。

图1-79 制冰机生产通用冰块

2. 碎冰（Crushed Ice）

碎冰通常被用于朱丽普（Julep）、提基（Tiki）和可布拉（Cobbler）等类别鸡尾酒或其他需要大量稀释的烈酒（图1-80）。

获取碎冰途径包括：

（1）使用碎冰机把冰块打成小冰粒；

（2）选用专用制冰机直接生产碎冰。

3. 冰砖（Crystal Ice Block）

整块的冰砖常用于放在大宾治盆里，以保持低温。除此以外，更多用于再切割后制成各

图1-80　碎冰

图1-81　冰砖

种规格的冰块来调制各类鸡尾酒（图1-81）。

要自制高质量的冰砖（Crystal Clear Ice），定向冻结、气泡排出、冷冻温度、冷冻时间和储水容器等工艺环节都要严格要求。

当冰砖制成后，即可切割成多种规格，用途上也有区别，见表1-3：

表1-3　冰砖规格

规格		用途
冰砖（Crystal Ice Block）	没有具体规格	常置于大宾治盆中
冰粒3.0（Crystal Cube 3.0）	3cm×3cm×3cm	常用于摇壶用冰
冰粒5.0（Crystal Cube 5.0）	5cm×5cm×5cm	常用于威士忌加冰
冰粒8.0（Crystal Cube 8.0）	8cm×8cm×8cm	常用于凿冰球
柯林冰条（Collin Spears）	4cm×4cm×11cm	用于长饮类饮品

4. 柯林冰条（Collin Spears）

柯林冰条被广泛用于长饮类鸡尾酒中，如金汤力、威士忌苏打；由于是专为柯林杯设计的，所以又被称为“柯林冰条”（图1-82）。

5. 冰球（Ice Spheres/Ice Ball）

冰球既可冷冻稀释烈酒，又可用于装饰，深受客人追捧（图1-83）。

图1-82　柯林冰条

图1-83　冰球

二、自制老冰——冰砖（Crystal Ice Blocks）

如何制作老冰

（1）首先制作水晶冰，自制水晶冰最好选用保温箱；

（2）把饮用水倒入保温箱中，把保温箱置于-16℃的冰箱中冷冻结冰；

（3）冷冻期间，须把保温箱的盖子打开，让饮用水由上至下进行单向结冰（即定向结冰）；

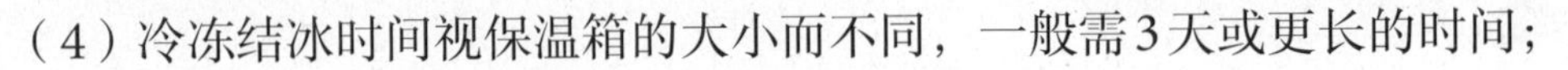

（4）冷冻结冰时间视保温箱的大小而不同，一般需3天或更长的时间；

（5）保温箱中的饮用水已有一半以上结冰时，取出；

（6）倒出整件冰块，把未结冰的水排出；

（7）用冰刀修整冰砖边角；

（8）把冰砖重新置于-18℃的冰箱中冷冻备用，即为老冰。

知识延伸

一、什么是“老冰”？

所谓“老冰”指在-18℃长时间冷冻的冰块，这些冰块具有温度低、硬度高、融化速度慢等特点，适合用于调酒或急冷烈酒。

二、什么是“云冰”，制作水晶冰时，形成“云冰”现象的主要原因是什么？

（1）云冰由无数的小气泡集结而成（图1-84）；

（2）冷冻结冰时没有排出水中气体；

（3）冰箱温度过低，结冰速度过快。

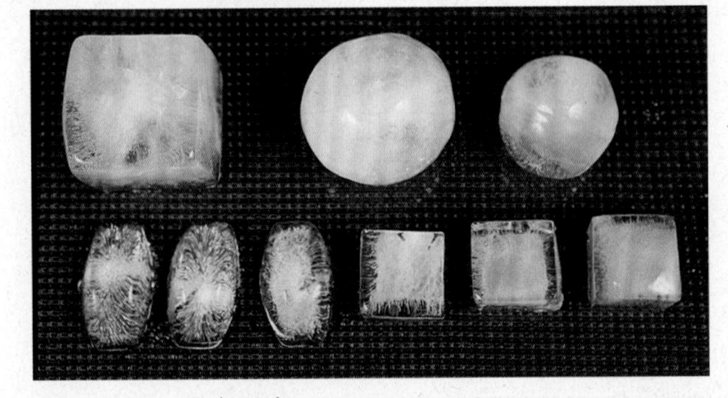

图1-84　云冰现象

云冰的产生更多是因为没有运用定向结冰法制冰造成的。如果选用普通容器（如保鲜盒）来装水冷冻，由于四面同时受冷，水中的气泡会被全部推向冰块的中央位置，最终形成云冰。

三、如何保证单向结冰？

选用保温箱，打开保温箱盖子由上至下冷冻结冰即可。

单向结冰是一种艺术，其过程是饮用水一边结冰，一边将其中的气泡、杂质推向保温箱底部的水中（不结冰层）（图1-85）。

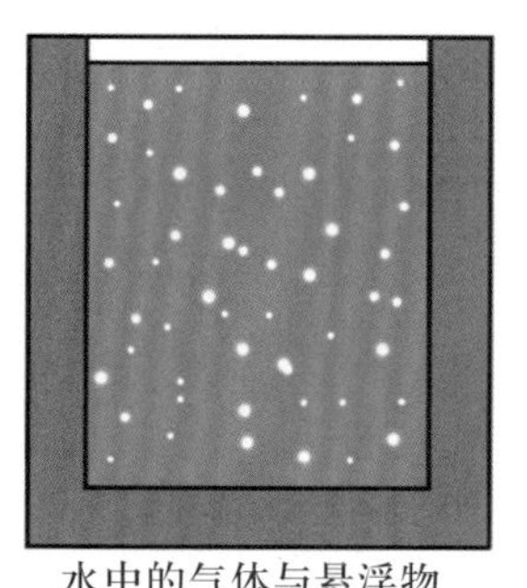

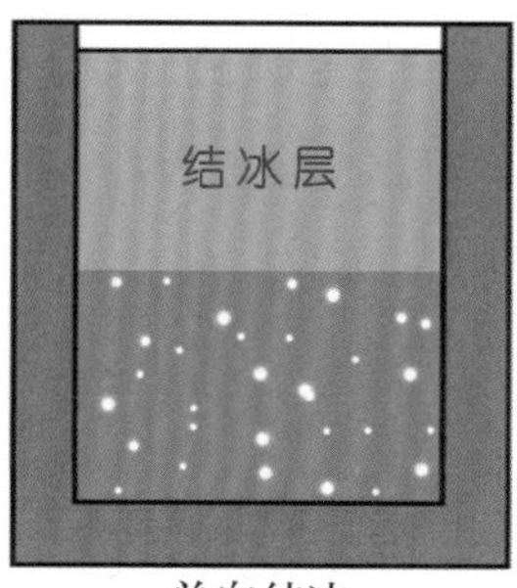

图1-85　单向结冰示意图

想一想

为什么首选水晶冰（Crystal Ice）调制饮品？

1. 水晶冰（透冰）让产品颜值更高；
2. 水晶冰（透冰）硬度够，融化速度慢。

课后练习

一、简答题

“Whiskey On the Rock”怎样操作？

二、判断题

1.（　　）酒水领货单一般由当班调酒师或酒吧领班负责填写。

2.（　　）酒水领货单一般由酒吧主管或经理负责审核、签字。

3.（　　）健全的酒吧酒水原料领用程序应包括：清点存货、填写酒水原料领货单、领货、发货、建账。

任务导入 饮品装饰物在鸡尾酒中可以起到画龙点睛的作用，其制作是酒吧营业准备的一项重要环节。对刚入行的调酒师来说，需要通过一定的时间去练习刀工才能熟练地切配装饰物。此项工作一般安排在早班进行。

任务5
制作饮品装饰物

学习目标

1. 认识常用装饰物原料；
2. 熟悉制作饮品装饰物流程；
3. 掌握饮品装饰物柠檬圆片、樱桃穿橙角和兰花穿菠萝角的制作方法。

预备知识

装饰物虽然是鸡尾酒的重要组成部分，但由于它只是鸡尾酒的“配角”，因此应选用价廉物美的原料作装饰，成本不宜过高。一般以鲜果为主要原料。

活动1 认识常用装饰物原料

工作日记 刀工很重要

活动场地：酒店大堂酒吧。

出场角色：实习生小徐（我）、领班小李。

情境回顾：今早，我与小莫从货仓把原料提回大堂酒吧后，领班小李马上开始切配饮品装饰物……

小徐（我）：“为什么要对饮品进行装饰？”

小李：“装饰物对增强饮品的整体风格和艺术效果起着关键的作用，就等于货物包装一样，客人对饮品的第一感觉与其销售的关系密不可分。”

小徐（我）：“用于装饰的材料有哪些？”

小李："材料很多，涉及各类水果和花卉等。"

小徐（我）："难怪刚才领了好些兰花和菠萝，原来是用来装饰饮品的。现在我可以和你一起切配装饰物吗？"

小李："现在还不行。因为要把装饰物切好，熟练的刀工是必不可少的。稍后在空闲的时间里你先练习切柠檬片，让小莫给你示范。"

小徐（我）："好的！"

小李："我现在利用摆放酒水的时间向你介绍装饰物的相关知识吧！"

角色任务：以实习生小徐的身份，学习饮品装饰相关知识。

一、常用装饰物原料

1. 蜜饯樱桃（Maraschino Cherry）

蜜饯樱桃指经过糖水腌制的瓶装樱桃，有红、绿、黄等多种颜色，是饮品装饰的常用原料（图1-86）。

2. 柠檬（Lemon）

柠檬是饮品装饰的常用原料（图1-87）。切配形状以柠檬片、柠檬角和柠檬皮为主。

3. 青柠檬（Thai Lime）

青柠檬又称酸橙，是饮品装饰及调味常用原料（图1-88）。泰国青柠檬质量最佳，外形如乒乓球大小。切配形状以柠檬角为主。

4. 鲜橙（Orange）

鲜橙是饮品装饰的常用原料（图1-89）。切配形状以橙角、橙片为主。

5. 西柚（Grapefruit）

西柚是饮品装饰的常用原料（图1-90）。通常以净果肉撒在饮品表面或切配成片挂杯装饰。

6. 菠萝（Pineapple）

菠萝是饮品装饰的常用原料（图1-91）。切配形状以菠萝角为主。

7. 草莓（Strawberry）

草莓是饮品装饰的常用原料（图1-92）。通常以整颗挂杯装饰。

图1-86　蜜饯樱桃

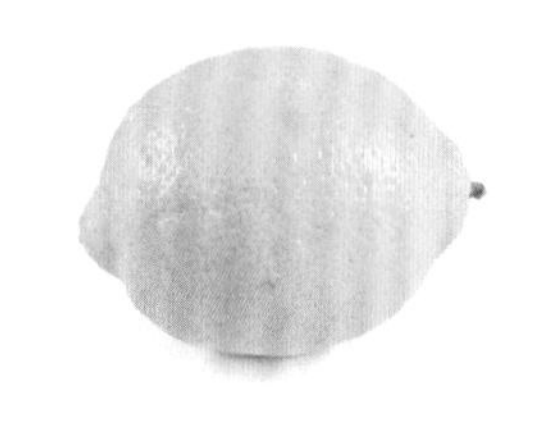
图1-87　柠檬

图1-88　青柠檬

图1-89　鲜橙

8. 芹菜（Celery）

芹菜主要用于“血玛丽”等少数鸡尾酒的装饰（图1-93）。

9. 薄荷叶（Mint Leaves）

薄荷叶是饮品装饰及调味常用原料，可直接装饰或捣碎后调制饮品（图1-94）。

10. 橄榄（Cocktail Olive）

橄榄是饮品装饰及调味常用原料之一，适用的饮品不多，主要用于“干马天尼”“干曼哈顿”类的鸡尾酒（图1-95）。

图1-90
西柚

图1-91
菠萝

图1-92
草莓

图1-93
芹菜

图1-94
薄荷叶

图1-95
橄榄

二、常用装饰方法

1. 樱桃挂杯口（Garnish with the maraschino cherry on rim of the glass）

把樱桃底部切开口后夹在杯口装饰（图1-96）。

2. 鸡尾酒签穿橄榄（Garnish with the olive on a cocktail stick）

用鸡尾酒签穿起橄榄直接放入酒中装饰（图1-97）。

3. 一束薄荷叶（Garnish with a sprig of mint leaves）

把一束薄荷叶插入杯口中直接装饰。为使薄荷香气更好地散发出来，可把薄荷叶放于掌心，双手拍击后再放入杯中（图1-98）。

4. 芹菜棒（Garnish with a stick of celery）

把芹菜切成20 cm长的条状。芹菜棒可留菜叶，插入杯中装饰并作搅棒使用（图1-99）。

5. 柠檬片（Garnish with a slice of lemon）

把柠檬切成约3 mm厚的片状，挂于杯口或放入杯中装饰（图1-100）。

6. 青柠檬角（Garnish with a lime wedge）

把青柠檬平均切成4份，挂于杯口或放入杯中装饰（图1-101）。

7. 菠萝角（Garnish with a pineapple wedge）

把菠萝去皮后切成约1 cm厚圆片，在圆片上切4刀，可分出8等份菠萝角，把菠萝角底部切开口后夹在杯口装饰（图1-102）。

8. 樱桃穿橙角（Decorate with the orange wedge and maraschino cherry speared together on a cocktail stick）

由樱桃、橙角和鸡尾酒签组合而成，一般挂于杯口装饰（图1-103）。

9. 兰花穿菠萝角（Decorate with the pineapple wedge and orchid speared together on a cocktail stick）

由兰花、菠萝叶、菠萝角和鸡尾酒签组合而成，一般挂于杯口装饰（图1-104）。

10. 柠檬皮（Garnish with lemon peel）

柠檬线：用削皮刀在柠檬上削下任意长度的线；柠檬皮：直接从柠檬上切下长约5 cm、宽约1 cm的片；整个柠檬皮：用小刀把整个柠檬皮削下。以上三种形状统称柠檬皮（图1-105）。

图1-96
樱桃挂杯口

图1-97
鸡尾酒签穿橄榄

图1-98
一束薄荷叶

图1-99
芹菜棒

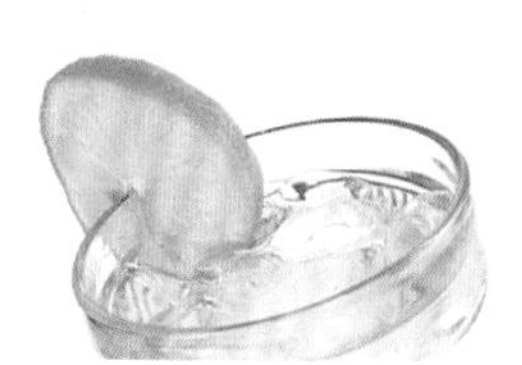

图1-100
柠檬片

图1-101
青柠檬角

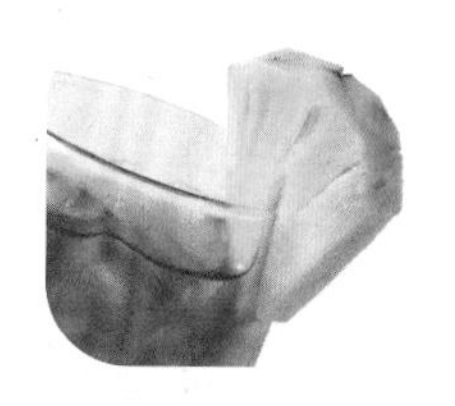

图1-102
菠萝角

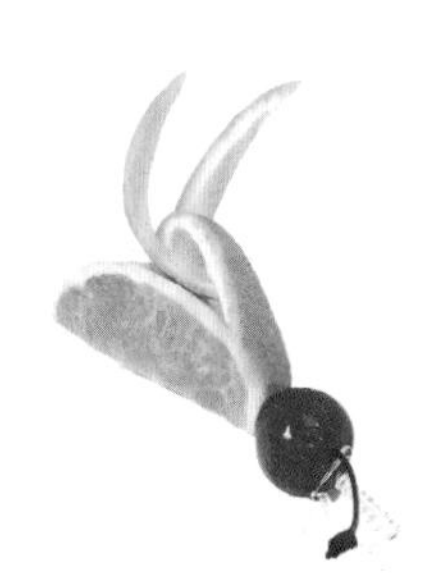

图1-103
樱桃穿橙角

图1-104
兰花穿菠萝角

图1-105
柠檬皮

知识延伸

一、制作饮品装饰物流程

（1）每天凭酒水原料领货单从货仓领取新鲜水果和蔬菜，如柠檬、菠萝；

（2）清洗新鲜水果；

（3）切配、组装装饰物；

（4）装饰物冷藏保鲜（饰物盒或保鲜纸包裹）。

想一想

常用饮品装饰物原料分为几类？举例说明。

（1）果蔬类：柠檬、鲜橙、菠萝、青柠檬、草莓、芹菜等；

（2）罐头类：珍珠洋葱、橄榄、蜜饯樱桃等；

（3）花草类：薄荷叶、兰花等；

（4）调料类：黑胡椒、盐、糖粉、豆蔻粉、桂皮、巧克力粉等；

（5）工具类：吸管、搅棒、鸡尾酒签、小花伞等。

二、制作饮品装饰物应注意的事项

（1）装饰物应干净、新鲜；

（2）蜜饯樱桃、咸橄榄等罐装原料使用时应先用清水冲洗干净；

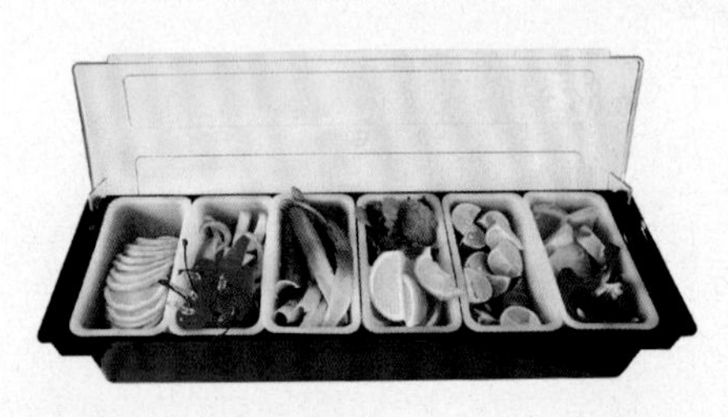

图1-106　饰物盒

（3）将所有装饰物放在饰物盒内存放（图1-106）；

（4）如果早班用量不大，饰物盒应存放在冰箱内保鲜，为晚班营业做好准备；

（5）装饰物应准备充足；

（6）一般情况下，切配好的水果类装饰物保质时间为24小时，隔天不再使用。

活动2　制作常用装饰物

工作日记　功多艺熟

活动场地：酒店大堂酒吧。

出场角色：实习生小徐（我）、调酒师小莫。

情境回顾：我曾在××酒店的西餐厨房冻厨部做过暑期工，每天的主要工作是切配沙拉配料，用量最大的当然是水果了。没想到这段经历竟为我今天切配装饰物打下了扎实的刀工基础。

小莫：“哟！想不到你能把柠檬片切得这么均匀和整齐！在哪学的？”

小徐（我）：“是的，我曾经有一段时间每天都在冻厨部切水果。”

小莫：“太好了。我相信你很快就能掌握所有装饰物的切配技术。来！我再多切配几款给你看。”

角色任务：请参照下图，以实习生小徐的身份学习切配装饰物。

一、柠檬圆片的切法

（1）准备塑料砧板和吧刀［图1-107（a）］；

（2）左手拿柠檬，右手操刀［图1-107（b）］；

（3）把柠檬切成约3 mm厚的圆片［图1-107（c）］；

（4）切成的柠檬圆片应叠成山形，整齐有序［图1-107（d）］。

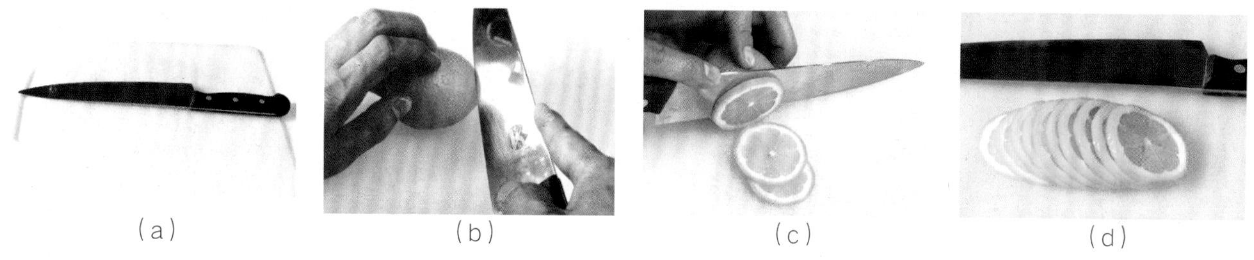

（a）（b）（c）（d）

图1-107　柠檬圆片的切法

二、樱桃穿橙角的制法

（1）左手拿橙，右手操刀［图1-108（a）］；

（2）切掉橙头部分［图1-108（b）］；

（3）纵向将橙子一分为二切开［图1-108（c）］；

（4）把每半个橙子斜刀切成三至四块的橙角［图1-108（d）］；

（5）把每块橙角以平刀法从白色果皮处一分为二，切分至橙角3/4处［图1-108（e）］；

（6）用左手拇指、食指和中指掀起果肉与果皮［图1-108（f）］；

（7）第一刀从橙皮根部外侧切起，切至距橙皮尖1 cm处停刀［图1-108（g）］；

（8）第二刀从距橙皮尖1 cm处插入刀尖，切至橙皮根部外侧［图1-108（h）］；

（9）拿起橙角，将切好的皮向里弯折［图1-108（i）］；

（10）被弯折的橙皮不应回弹或断裂［图1-108（j）］；

（11）准备蜜饯樱桃和鸡尾酒签［图1-108（k）］；

（12）把鸡尾酒签穿入樱桃中［图1-108（l）］；

（13）把鸡尾酒签再从橙角顶部穿入固定［图1-108（m）］；

（14）把樱桃穿橙角挂于杯口装饰［图1-108（n）］。

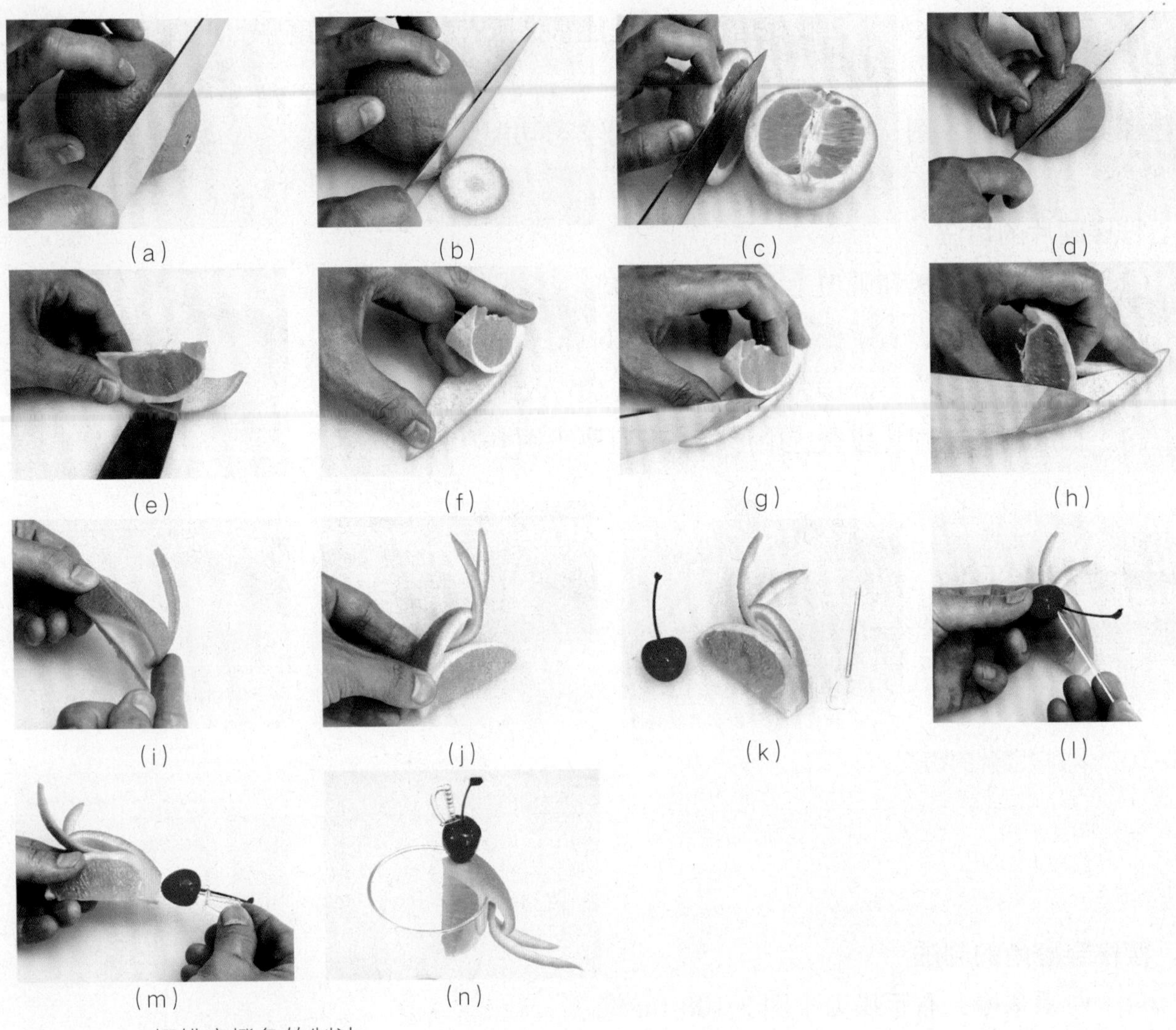

图1-108　樱桃穿橙角的制法

三、兰花穿菠萝角的制法

（1）左手拿菠萝，右手操刀把菠萝头部切开留用（取下叶子）[图1-109（a）]；

（2）在菠萝上纵向切约1 cm厚的圆片[图1-109（b）]；

（3）在菠萝圆片上切分出8份菠萝角[图1-109（c）]；

（4）菠萝角去皮[图1-109（d）]；

（5）在菠萝角底端切一开口[图1-109（e）]；

（6）准备菠萝叶、兰花和鸡尾酒签[图1-109（f）]；

（7）把鸡尾酒签穿入兰花中[图1-109（g）]；

（8）把穿有兰花的鸡尾酒签再插入菠萝叶中[图1-109（h）]；

（9）把穿有兰花、菠萝叶的鸡尾酒签从菠萝角顶部穿入并固定[图1-109（i）]；

（10）把兰花穿菠萝角挂于杯口装饰[图1-109（j）]。

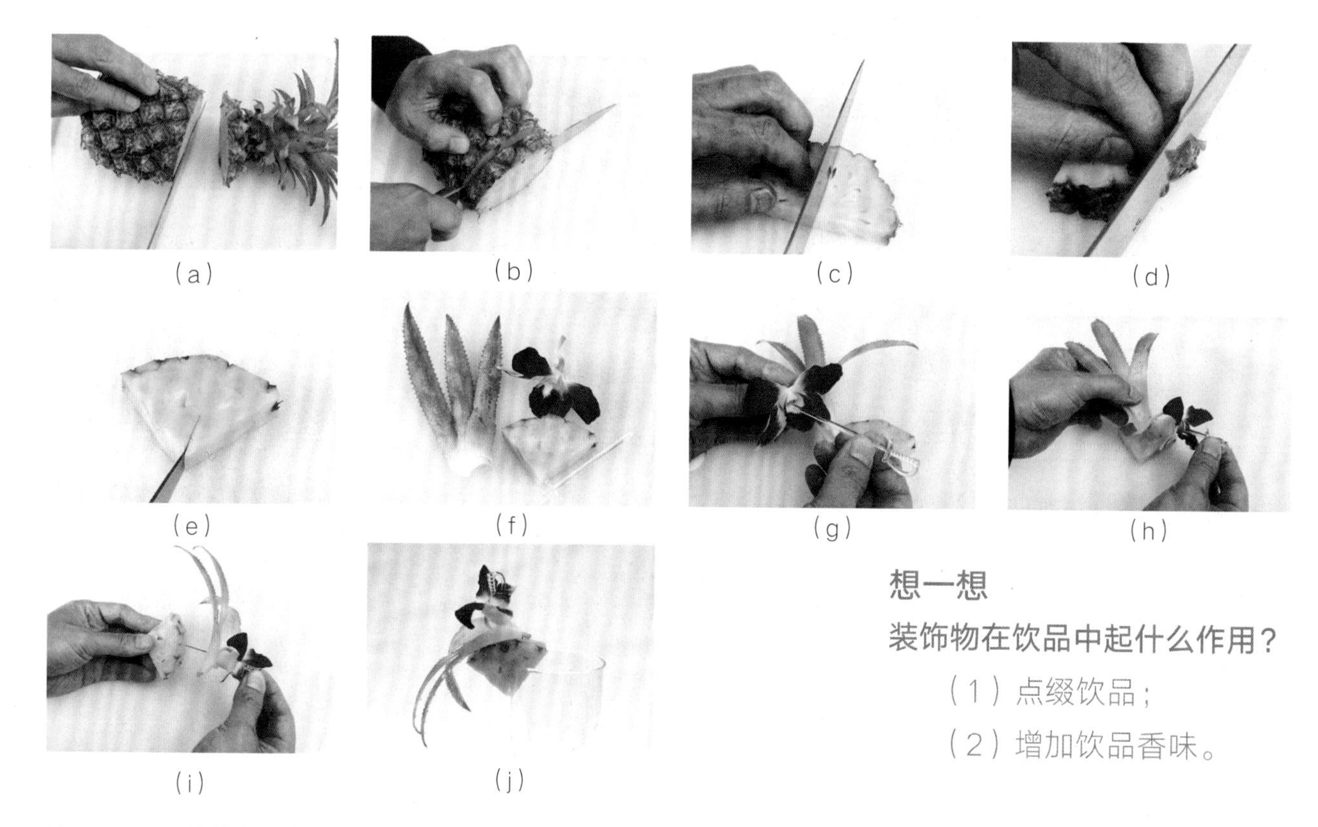

图1-109　兰花穿菠萝角的制法

想一想

装饰物在饮品中起什么作用？

（1）点缀饮品；

（2）增加饮品香味。

知识延伸

罐头珍珠洋葱（Cocktail Onion）

新鲜的珍珠洋葱本身带甜味，其颜色分淡黄、淡红和白色几种，一般选用白色的制作罐头（图1-110）。把新鲜的珍珠洋葱去皮后放入加有少量白醋、白糖、姜黄、红辣椒的盐水中浸泡，即成罐头珍珠洋葱。

罐头珍珠洋葱在西餐配菜中经常使用，但用于鸡尾酒装饰的频率并不高。著名鸡尾酒“吉普森”就是用罐头珍珠洋葱来装饰的。

图1-110　罐头珍珠洋葱

课后练习

一、判断题

1.（　　）菠萝是酒吧常用的装饰原料，通常把切好的菠萝挂于杯口作装饰。

2.（　　）青柠檬又称酸橙，是饮品装饰及调味常用原料。

二、单项选择题

1．所有经过加工处理的鲜果类装饰物的冷藏保质时间不得超过（　　）小时。

A．50　　B．68

C．24　　D．40

2．使用柠檬做鸡尾酒装饰物时，多以柠檬角、（　　）为主。

A．柠檬片和柠檬皮　　B．柠檬果肉和柠檬干

C．柠檬脯和柠檬果肉　　D．柠檬干和柠檬果脯

任务导入　　酒单俗称酒水牌。酒单的主要作用是直接向客人介绍酒水销售的相关信息，既是酒吧专用的服务用具，也是酒吧营业创收的重要工具。

任务6
认识酒单

学习目标

1. 认识酒单；
2. 了解酒单中的内容。

预备知识

酒单（图1-111）的内容一般包括酒水类别、酒水名称、酒水价格、销售单位、酒品介绍及酒吧名称等。

酒单一般分两大类：

综合类酒单——酒单上包含各类别饮品、食品的综合信息，如鸡尾酒类、啤酒类、软饮料类、小食类。

专卖类酒单——酒单上只列举某一类别酒品的详细信息。常见的专卖类酒单有葡萄酒单、鸡尾酒单等。

工作日记　摆放酒单有讲究

活动场地：酒店大堂酒吧。

出场角色：实习生小徐（我）、调酒师小莫。

情境回顾：酒吧通常会备有足够数量的酒单。上晚班的同事在营业结束后，会把酒单收回，整齐地叠放在一起……

今早，调酒师小莫正从后吧柜中取出昨晚放入的酒单……

小徐（我）："需要我摆放这些酒单吗？"

小莫："好的！但是在摆放前应先检查酒

图1-111　酒单

单是否干净、有无破损。”

小徐（我）：“要用毛巾把酒单都擦拭一遍吗？”

小莫：“是的，擦拭后便可摆放了。”

小徐（我）：“摆放酒单有讲究吗？”

小莫：“在我们酒吧摆放酒单有这样的规定：第一，酒单从中页打开90°，立放在每张桌上；第二，每张桌上摆放酒单的位置和方向要统一。”

小徐（我）：“真看不出摆放酒单还有这些细节啊！”

小莫：“在我们大堂酒吧，酒单有综合类和专卖类两种，现在你所摆放的是综合类酒单……”

角色任务：以实习生小徐的身份，学习酒单相关知识。

一、认识酒单（模拟综合类酒单）

二、酒单中经常出现的销售单位

PER——每份（杯、盎司、瓶、壶等）；

GLS——Glass的缩写，意为每杯；

CAN——罐装、每罐；

BOT——Bottle的缩写，意为瓶装、整瓶（Full Bottle）；

HALF——小瓶包装或半瓶包装（Half Bottle）；

oz——ounce的缩写，意为盎司（安士）；

mL——毫升。

APERITIF　开胃酒

Campari	金巴利	50.00/GLS/杯	600.00/BOT/瓶
Dubonnet	杜本纳	50.00/GLS/杯	600.00/BOT/瓶

PORT&SHERRY　钵酒、雪利酒

Taylor's Special Ruby	泰来路比钵酒	55.00/GLS/杯	700.00/BOT/瓶
Garvey Cream（Sweet）	嘉味奶油雪利酒	55.00/GLS/杯	700.00/BOT/瓶

WHISKEY　威士忌

Chivas Royal Salute	皇家礼炮		1 800.00/BOT/瓶
Jack Daniel's	杰克丹尼	60.00/GLS/杯	880.00/BOT/瓶

COGNAC BRANDY　干邑白兰地

Hennessy Paradis	轩尼诗杯莫停		3 800.00/BOT/瓶

Hennessy V.S.O.P	轩尼诗 V.S.O.P	70.00/GLS/ 杯	800.00/BOT/ 瓶
	GIN\VODKA\RUM\TEQUILA 金酒\伏特加\朗姆酒\墨西哥烈酒		
Gordon's Gin	哥顿金酒	50.00/GLS/ 杯	600.00/BOT/ 瓶
Smirnoff Vodka	皇冠伏特加	50.00/GLS/ 杯	600.00/BOT/ 瓶
Bacardi Rum（White）	百加得白朗姆	50.00/GLS/ 杯	600.00/BOT/ 瓶
Conquistador（White）	白金武士	50.00/GLS/ 杯	600.00/BOT/ 瓶
	COCKTAIL 鸡尾酒		
Pink Lady	红粉佳人		50.00/GLS/ 杯
Dry Martini	干马天尼		50.00/GLS/ 杯
	BEER 啤酒		
Budweiser	百威		50.00/BOT/ 瓶
Guinness	健力士黑啤		50.00/BOT/ 瓶
	SOFT DRINKS 软饮料		
Coca Cola	可口可乐		40.00/CAN/ 罐
Evian Water	依云水		50.00/BOT/ 瓶

知识延伸

一、专卖类酒单中常见的类别

葡萄酒酒单（Wine List，图1-112）中的类别见表1-4。

鸡尾酒酒单（Cocktail List，图1-113）中的类别见表1-5。

图1-112 葡萄酒酒单

图1-113 鸡尾酒酒单

表1–4　葡萄酒酒单中的类别

英文名称	中文名称
Champagne & Sparkling Wine	香槟、汽酒
White Wine	白葡萄酒
Red Wine	红葡萄酒
Rose Wine	桃红葡萄酒
House Wine/By The Glass	酒店专用葡萄酒/散卖葡萄酒

表1–5　鸡尾酒酒单中的类别

英文名称	中文名称
Classics/Oldies	经典类鸡尾酒
Non-Alcoholic/Mocktails	不含酒精类混合饮品
Shooters	子弹类鸡尾酒（小容量的）
Specialities/Special drinks	特别推介类鸡尾酒（大容量的）
Long Drinks	长饮类鸡尾酒

二、长饮类鸡尾酒

长饮（Long Drinks）是一种量大而酒性温和的鸡尾酒。因杯中放入冰块来确保饮用温度，所以消费者可慢慢饮用，故称长饮。

三、子弹类鸡尾酒

子弹类鸡尾酒是以子弹杯为载杯且量小的鸡尾酒。子弹杯英语称为“Shooter Glass、Short Glass或Cordial Glass”（图1–114），由于体积细小外形似子弹，故有子弹杯之称。子弹杯常用于盛装烈酒、利口酒或子弹类鸡尾酒，其容量分有1 oz和2 oz两种规格。

当调制的鸡尾酒成分中不含软饮类辅料时，一般使用容量为1 oz的子弹杯作为载杯，反之使用容量为2 oz的子弹杯。

图1–114　各类子弹杯

四、酒店专用葡萄酒

酒店专用葡萄酒是酒店选定的进价便宜、质量好、适合大众口味、货源充足且可散装销售的几类葡萄酒。

因为葡萄酒与汽酒经开瓶后，酒的质量在几小时内便会发生变化。例如红葡萄酒开瓶后，酒质很快会因氧化而改变。白葡萄酒开瓶后也只能在冰箱中保存3天左右。汽酒开瓶后即使用香槟塞盖上，气体也会在一天内减少60%以上。所以散装销售的葡萄酒一般都选用酒店专用葡萄酒。

课后练习

一、简答题

酒单中一般包括什么内容？

二、判断题

1．（　　）酒店专用葡萄酒可按杯销售。

2．（　　）子弹杯容量分2 oz和4 oz两种。

3．（　　）“Mocktails”指不含酒精的混合饮品。

4．（　　）只有酒店专用葡萄酒才可“By the Glass”。

5．（　　）鸡尾酒酒单属于专卖类酒单。

想一想

摆放酒单时应注意什么问题？

（1）检查酒单是否干净或破损；

（2）酒单摆放的位置、方向要统一。

三、单项选择题

1．属于葡萄酒酒单类别分类中的是（　　）。

A．啤酒类　　B．鸡尾酒类　　C．香槟和汽酒类　　D．不含酒精类

2．酒单的作用是向客人介绍（　　）。

A．酒水销售信息　　B．酒文化　　C．营业时间　　D．酒吧文化

3．酒单应该是（　　）。

A．无文字的　　B．无价目的　　C．无图案的　　D．无破损的

4．长饮酒品（　　）。

A．可放置较长时间，因而消费者可长时间饮用　　B．酒精含量极高，是一种较为猛烈的酒品

C．非常容易变质，不可放置较长时间　　D．由于酒精含量极高，所以调制过程烦琐

5．酒吧的专用（　　）用具包括酒单。

A．结账　　B．服务　　C．操作　　D．开吧

任务导入

营业中，调酒师要完成多项工作任务。其中，清理前吧台和待客服务贯穿于整个营业过程。整理吧台，撤换杯子，为客人斟酒水等环节看似简单，但却有不少细节要注意。要使客人再次光临，待客服务不容忽视。

任务7
待客服务

学习目标

1. 掌握撤换酒杯的方法并能独立完成任务；
2. 掌握斟酒水服务的方法并能独立完成任务。

预备知识

优秀的调酒师总是善于细心观察，及时为客人展开服务。营业中，调酒师要时刻观察前吧台：看到客人的酒水快要喝完时要询问是否再加一杯，观察吧台表面是否有水迹或杂物，经常用布擦吧台表面，经常为客人斟酒水。

谨记：要用专业的态度让客人得到各项及时的服务。

活动1　营业中清理前吧台

工作日记　微笑服务

活动场地： 酒店大堂酒吧。

出场角色： 实习生小徐（我）、领班小李。

情境回顾： 上午11点左右，一批刚入住酒店的台湾游客三三两两来到大堂酒吧，拿出入住酒店时附送的赠券，问道："我们可以在这里消费吗？"

小李："是的，先生，欢迎光临！"

客人们坐在吧台前。

我一边配合小李为客人呈送酒单、送上小食，一边看他如何接待客人。我注意到，在整个服务中小李总是保持着友好的微笑。

小徐（我）：“微笑真的那么重要吗？”

小李：“是的，它能让客人感觉到你的服务是真诚的！”

小徐（我）：“在刚才的服务中，你把饮品制作完后呈送给客人不就完事了吗？为什么你一直都没有停下来？”

小李：“调酒师的工作任务并非只是调制饮品，还包括与客人交谈、清洁吧台、撤杯子等细致工作。你可别小看这些服务细节，它能让客人感受到我们优质的待客服务。来，让我给你示范怎样撤杯子。”

角色任务：请参照以下的做法，以实习生小徐的身份完成营业中清理前吧台的任务。

一、调酒师撤下杯子

当客人杯中的饮品快要喝完时，可上前询问客人是否续杯。在撤下杯子前应礼貌地示意客人：“先生，我可以收去您的空杯子吗？”客人点头允许后再把杯子撤到工作台上（洗涤槽区域）。

二、调酒师整理吧台

（1）在示意客人后，把吧台上的空瓶罐、空杯、吸管、杯垫等物品及时撤下；

（2）空瓶罐、吸管、纸巾、烟头等垃圾要轻轻放入垃圾桶中；

（3）吧台面要经常用湿毛巾和干餐巾擦拭，以保持清洁；

（4）保持吧台整洁。

知识延伸

营业前，前吧台的擦拭

（1）用湿毛巾擦拭吧台，同时检查吧台表面是否有不易去除的污渍（蜡、酒渍、糖渍、油渍等）；

（2）在污渍表面喷洒少许清洁剂或去污剂，再次用湿毛巾擦拭，直到污渍全部擦净为止；

（3）用干餐巾将吧台面擦干；

（4）在吧台表面喷上蜡光剂，使吧台面光滑如新。

活动2 斟酒水服务

工作日记 学会在挫折中学习

活动场地：酒店大堂酒吧。

出场角色：实习生小徐（我）、酒水部陈经理。

情境回顾：在大堂酒吧上早班已有一个月，正当我为能独立完成部分待客服务工作而沾沾自喜时，却发生了一件很不愉快的事情——我第一次被客人投诉。事情的经过是这样的：

当天下午有位客人点了两瓶啤酒，当第二瓶啤酒剩余不到1/5时，客人上了一趟洗手间。就在这个时间段里我主动把剩余的啤酒全部倒进客人杯子里并撤下空瓶。客人回来后，发现吧台上只剩下杯子，便问我啤酒瓶哪里去了。我忙解释，但客人抱怨地说："我离开座位前，杯子里的啤酒原本就是满的，你一定是把剩余的啤酒与酒瓶一起倒掉了。"最后，酒吧赔给客人啤酒并为此表示抱歉，而我则被酒店开了罚单。

陈经理："在这件事情上你有一点做得很正确——没有跟客人争吵。不过，以后遇到类似的情况一定要注意了。还有，在日常待客服务中，要反应迅速。"

小徐（我）："怎样可以做到反应迅速？"

陈经理："通过客人的肢体语言、吧台上饮品所反馈的信息估计客人需要的服务。"

小徐（我）："明白了。"

角色任务：请参照以下的做法，以实习生小徐的身份完成以下任务。

调酒师为客人斟倒酒水

当客人杯中饮品剩余少于半杯时应及时上前为客人斟酒水（图1-115）：

（1）右手拿起酒水瓶或罐，为客人斟倒酒水，一般根据不同酒水类别按要求斟倒；

（2）为客人斟完饮料后，应将剩余的饮料瓶或饮料罐放在客人杯子的右上方，商标朝向客人；

（3）及时撤下空瓶罐并进行酒水推销。

图1-115 为客人斟酒水

注意事项：

（1）当客人把倒空酒水的易拉罐捏扁，是在暗示这个罐的酒水已经倒空，调酒师应马上把空罐撤下；

（2）当客人与同桌的客人在热烈交谈的时候，应先示意客人，再斟倒酒水；

（3）斟酒需在客人能够看到的情况下进行，目的是让客人看到操作过程，对饮品的卫生放心。

知识延伸

注重服务质量，为企业赢取客源

客人是服务的主体。当客人来到酒吧消费，他们总希望得到质价相符的服务。作为一名优秀的调酒师，应尽心尽力地满足客人的消费需求，同时努力提升自身的业务能力，更好地为客人开展服务。

当与客人发生不愉快事件时，我们应站在客人的立场去思考，反省自己的行为，重新衡量服务质量，尽力为客人留下一次难忘而美好的消费经历，争取客人再次光临。

课后练习

一、简答题

在日常酒吧待客服务中，怎样才能对客人的需求做出迅速反应？

二、判断题

1.（　　）为客人斟倒完饮料后，应将剩余的饮料瓶或饮料放在冰箱里。

2.（　　）当客人杯中的饮料剩余半杯至不足1/5时，是为客人添加饮料的最佳时段。

想一想

客人喜欢怎样的调酒师？

（1）能记住客人的名字和消费喜好；

（2）服务是乐意的、真诚的；

（3）倾听客人说话；

（4）尊重客人隐私；

（5）具有良好职业道德。

三、单项选择题

1．当询问客人是否需要再添加饮料时应说（　　）？

A．Take some drink　　B．May I help you

C．Drink something　　D．Would you like some more drink

2．下列工作中，(　　) 不属于营业前准备工作（开吧工作）。

A．准备服务用品，准备调酒辅料　　B．布置和陈列酒水

C．领用补充酒水，清洁卫生　　D．盘点酒水

模块二

我能对软饮料进行服务

任务导入 软饮料是酒吧酒水销售内容的重要组成部分，消费对象多为女士和儿童，虽然产品不含酒精，但销售价格并不便宜。软饮料除用作单品销售外，更多时候被用作调制饮品使用。

任务1
认识软饮料

学习目标
掌握软饮料的基础知识。

预备知识
通常把非酒精饮料称为软饮料，即不含酒精成分的饮料。酒吧中一般把软饮料分为汽水、果蔬汁和饮用水三大类。

工作日记　变质的苹果

活动场地：酒店大堂酒吧。

出场角色：实习生小徐（我）、调酒师小莫。

情境回顾：今早，当我从货仓领回酒水原料做补充及准备工作时，发现有一部分苹果局部变质腐烂……

小徐（我）："小莫，你看这些苹果还可以用作鲜榨果汁吗？"

小莫："绝对不可以！你先把这些有问题的苹果挑出来，然后退回货仓。"

小徐（我）："在家里，只要去除变质部分也可照常使用，难道酒店不可以吗？"

小莫："绝对不可以！在酒店中用于制作鲜榨果汁的选材有严格的标准：必须新鲜，无腐烂、变质现象，必须无病虫害侵蚀，必须使用成熟的瓜果。"

小徐（我）："货仓会如何处理这些原料？"

小莫："要求供应商退换。"

小徐（我）："明白了，你还可以给我多讲些软饮料的知识吗？"

……

角色任务：以实习生小徐的身份，学习软饮料知识。

软饮料的类别

1. 汽水

汽水是一种富含二氧化碳的碳酸饮料，由甜味剂、香料、酸味剂等物料与水混合压入二氧化碳制成。比较常用的有以下种类：

（1）可乐汽水（Cola）。一种含有可乐果提取物及其他调味品的汽水，常见的品牌有可口可乐（Coca Cola）（图2-1）、百事可乐（Pepsi Cola）等；

（2）柠味汽水（Lemonade）。一种由柠檬汁、水和糖制成的汽水，常见的品牌有雪碧（Sprite）（图2-2）、七喜（7up）等；

（3）汤力汽水（Tonic Water）。一种带有苦味的药味汽水，又称为奎宁水（奎宁可从金鸡纳树皮中提取，是用来治疗疟疾的特效药），汤力汽水在紫外线灯光下呈蓝色，常见的品牌有屈臣氏（Watson's）等（图2-3）；

（4）姜味汽水（Ginger Ale）。一种伴有生姜香味的汽水，常见的品牌有屈臣氏等（图2-4）；

（5）苏打汽水（Soda Water）。由水、碳酸氢钠组成的无香味汽水，多用于调制混合饮品，常见的品牌有屈臣氏等（图2-5）；

（6）橙味汽水（Orange）。常见的品牌有新奇士（Sunkist）、美年达（Mirinda）（图2-6）等。

图2-1
可乐汽水

图2-2
柠味汽水

图2-3
汤力汽水

图2-4
姜味汽水

图2-5
苏打汽水

图2-6
橙味汽水

2. 果蔬汁

果蔬汁品种很多，酒吧中分鲜榨果蔬汁、罐（瓶）装果蔬汁、浓缩果蔬汁三大类。

（1）鲜榨果蔬汁。一种以新鲜或冷藏蔬果为原料，使用工具榨取的蔬果原汁（图2-7），由于富含维生素，对人体的健康很有好处，因此深受消费者的喜爱。按照酒店卫生质量标准，鲜榨果蔬汁在冰箱中的保质期为1天；

（2）罐（瓶）装果蔬汁。在原果蔬汁（或浓缩果蔬汁）中加入水、糖、酸味剂等调制而成，用罐（瓶）包装，打开倒出后可直接饮用而不需兑水稀释；

由于质量稳定，酒吧常用此类果蔬汁作为辅料进行调酒，常见的种类有菠萝汁（图2-8）、橙汁（图2-9、图2-10）、番茄汁、番石榴汁、西柚汁、红莓汁（图2-11）等；

（3）浓缩果蔬汁。采用物理方法从原果蔬汁中除去一定比例的天然水分后制成的具有与原果蔬汁相同特征的制品。浓缩果蔬汁要稀释后才能饮用。

酒吧中也用浓缩果蔬汁作为调酒辅料，常见的品牌有：

新的（Sunquick）浓缩果蔬汁（图2-12）——1份浓缩果蔬汁兑9份水；

屈臣氏浓缩果蔬汁——1份浓缩果蔬汁兑3份水；

按照酒店卫生质量标准，稀释后的浓缩果蔬汁存放在冰箱中的保质期为2天。

图2-7　鲜榨果蔬汁

图2-8　罐装菠萝汁

图2-9　瓶装橙汁

图2-10　盒装橙汁

图2-11　红莓汁

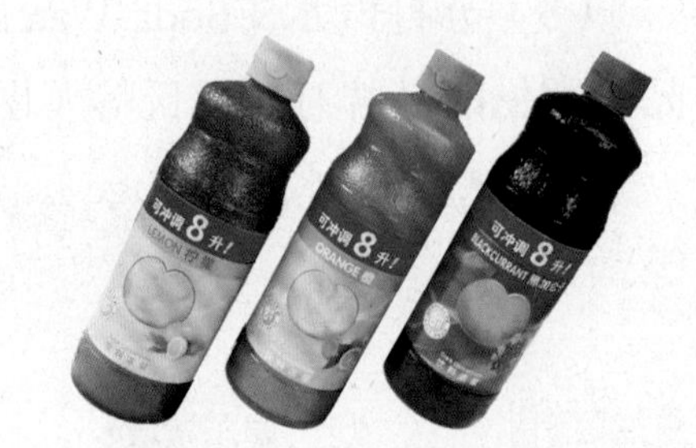

图2-12　浓缩果蔬汁

3. 饮用水

饮用水是一种密封于塑料瓶、玻璃瓶或其他容器中，不含任何添加剂，可直接饮用的水。分蒸馏水和矿泉水两大类。

（1）蒸馏水。以符合生活饮用水卫生标准的水为水源，采用蒸馏法、电渗析法、离子交换法、反渗透法及其他适当的加工方法，去除水中的矿物质、有机成分、有害物质及微生物等之后加工制成的水。

图2-13　依云矿泉水

（2）矿泉水。从地下深处自然涌出或经人工开发的、未经污染且含有矿物盐、微量元素或二氧化碳气体的地下水。常见的品牌有：

① 依云矿泉水（Evian）：世界上比较知名的品牌矿泉水，以无泡、纯洁、略带甜味著称，口感柔和（图2-13）。

图2-14　巴黎矿泉水

② 巴黎矿泉水（Perrier）：一种天然含气的矿泉水，被誉为“水中之香槟”（图2-14）。

知识延伸

一、稀释浓缩果蔬汁时应注意的事项

（1）应使用冰水或冷开水。用热水稀释会直接影响果蔬汁质量，出现变酸现象。

（2）掌握稀释用量，减少浪费。

二、冰箱中保鲜容器的选择

塑料容器具有良好的弹性，不易受温度变化或外力的作用而破裂，具有良好的保鲜效果。酒吧的冰箱中常用塑料容器盛装软饮料。例如从金属罐头、纸包装中倒出的果蔬汁或牛奶以及鲜榨的果蔬汁等均可倒进塑料容器中待用。

课后练习

一、简答题

1. 什么是软饮料？
2. 在酒吧中，果蔬汁分为哪几类？哪一类果蔬汁常用作调酒辅料？
3. 在酒店中用于制作鲜榨果蔬汁的选材都有哪些要求？

二、判断题

1.（　　）酒吧中一般把软饮料分为鲜榨果蔬汁、浓缩果蔬汁、罐（瓶）装果蔬汁三大类。
2.（　　）软饮料的消费对象多为女士和儿童。
3.（　　）在鲜榨果蔬汁时，遇到局部变质的蔬果，只要去除变质部分即可照常使用。
4.（　　）为了确保质量，酒吧通常选择罐（瓶）装果蔬汁作为调酒的辅料。
5.（　　）法国出产的依云矿泉水是天然含气的矿泉水。
6.（　　）碳酸饮料包括可乐、雪碧、七喜、苏打水等。
7.（　　）饮料按照是否含有酒精可分为酒精饮料和软饮料两大类。
8.（　　）汤力水属于柠檬味汽水。
9.（　　）稀释浓缩果蔬汁时不能直接用自来水，应用热水。

三、单项选择题

1. 被誉为“水中之香槟”的是（　　）。

A. Perrier　　B. Evian

C. Cola　　D. Sunquick

2. 按照酒店卫生质量标准，鲜榨果蔬汁在冰箱中的保质期为（　　）。

A. 1天　　B. 2天

C. 3天　　D. 4天

3. 按照酒店卫生质量标准，稀释后的浓缩果蔬汁在冰箱中的保质期为（　　）。

A. 1天　　B. 2天

C. 3天　　D. 4天

4. 碳酸饮料包括（　　）等。

A. 丁香、橙汁、安哥斯特拉苦精

B. 可乐、雪碧、七喜、苏打水

C. 咖啡、柠檬汁、薄荷酒

D. 安哥斯特拉苦精、咖啡、丁香

5. “Sunquick”浓缩果蔬汁兑水稀释的比例是（　　）。

A. 1 : 3　　B. 1 : 4　　C. 1 : 8　　D. 1 : 9

6. 奶类、果蔬汁类等软饮料当打开包装后，如不能一次用完应马上倒入（　　）中，并放入冰箱中保鲜。

A. 塑料容器　　B. 金属容器　　C. 玻璃容器　　D. 陶瓷容器

想一想

常见的鲜榨果蔬汁有哪些品种？

（1）橙汁（Orange Juice）；

（2）西瓜汁（Water Melon Juice）；

（3）苹果汁（Apple Juice）；

（4）胡萝卜汁（Carrot Juice）；

（5）蜜瓜汁（Melon Juice）；

（6）杧果汁（Mango Juice）；

（7）木瓜汁（Papaya Juice）；

（8）菠萝汁（Pineapple Juice）。

任务导入 果蔬汁品种很多，酒吧中分有鲜榨果蔬汁、罐（瓶）装果蔬汁、浓缩果蔬汁三大类，其中鲜榨果蔬汁最受客人喜爱。目前，鲜榨果蔬汁的制作方式有两种：一是提前榨汁置于冰箱中备用，二是即点即榨即出品。应该采用“预制”还是“现榨”，可根据酒吧的实际情况灵活选择。无论是哪一种方式，在鲜榨果蔬汁中加入冰块都是不正确的做法。

任务2
鲜榨果蔬汁

学习目标

1. 根据蔬果特性正确选择鲜榨果蔬汁的途径与方法；
2. 掌握鲜榨果蔬汁的程序。

预备知识

用于榨果蔬汁的蔬果在酒吧中分两类：一类是富含水分的，如橙子、西瓜、苹果、蜜瓜、菠萝、胡萝卜；另一类是水分含量少的，如杧果、木瓜、香蕉、椰子（肉）。

活动1　鲜榨橙汁、西瓜汁

工作日记　榨橙汁的深刻教训

活动场地：酒店大堂酒吧。

出场角色：实习生小徐（我）、调酒师小莫。

情境回顾：按照班期表，今天上早班的只有我和调酒师小莫。现在是10∶45。

小莫：“小徐，今天由你独立完成鲜榨橙汁的任务，行吗？”

小徐（我）：“当然可以。”

经常看调酒师操作，但由我来独立完成任务还是头一回。现在机会摆在面前，我的心情非常激动，相关操作细节也忘记问清楚就自信地接受了任务。

小莫："那好，我先去吃午饭（酒吧员工用餐时间一般为10：45—11：45），回来后再接替你的工作。"

小徐（我）："没问题。"

当小莫离开大堂吧后，我模仿他的做法，首先在工作吧台上铺一块白色桌布，然后摆上榨橙汁的专用榨汁机。从酒吧储存间取出一箱新奇士橙，按常规做法，先用热水浸泡橙子（据说这样做可以多产果汁），并将砧板、刀都一一准备好。我不假思索地把橙子全部一分为二后，榨起橙汁来。

用餐回来后的小莫见我把所有的橙子切开并榨取出比标准备量多出3倍的橙汁时，急得连忙让我停下来。

小莫："小徐，难道你不知道大堂酒吧鲜榨橙汁的标准备量均为20杯吗？"（鲜榨果蔬汁的保质期为一天，营业结束后，剩余的果蔬汁都不可以留到明天再用）

这时，我已经认识到问题的严重性了。

小莫："唉！都怪我没有给你讲清楚。"

事情发展到最后，我与小莫都被开了罚单。小莫因为没有正确指导实习生完成工作任务而造成酒水部损失负主要责任。

角色任务：以实习生小徐的身份，学习鲜榨橙汁和西瓜汁。

一、鲜榨橙汁的操作程序

（1）把橙子放入70℃的热水中浸泡约10分钟［图2-15（a）］；

（2）把经浸泡处理的橙子置于砧板上，一分为二［图2-15（b）］；

（3）在专用榨汁机出汁口处摆放装汁容器；

（4）启动榨汁机，拿起半个橙子压放在转动的榨汁钻头上，配合机器运转压出橙汁［图2-15（c）］；

（5）把橙汁倒入另一容器并置于冰箱中保鲜。

（a）

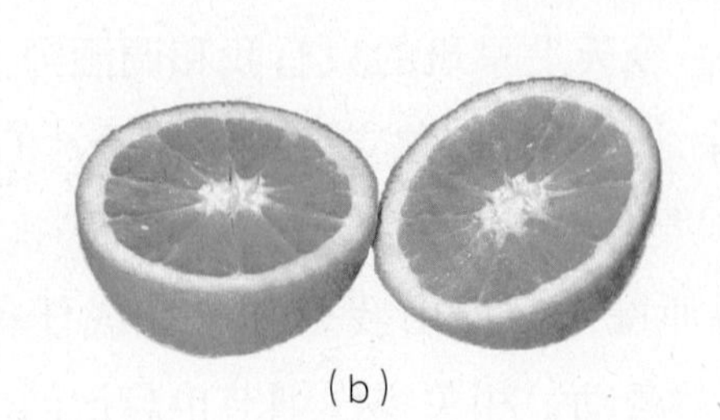

（b）

（c）

图2-15　鲜榨橙汁的操作程序

(a)

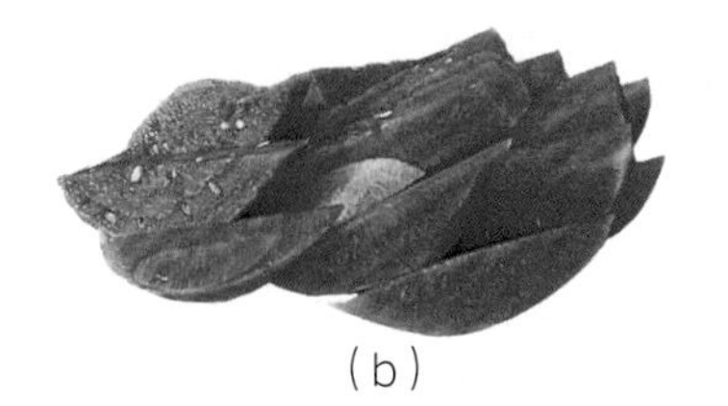
(b)

(c)

(d)

图2-16　鲜榨西瓜汁的操作程序

二、鲜榨西瓜汁的操作程序

（1）切去整个西瓜皮［图2-16（a）］；

（2）把西瓜肉切成能放入通用榨汁机口大小的块（条）状［图2-16（b）］；

（3）在通用榨汁机出汁口处摆放装汁容器；

（4）启动榨汁机，把西瓜肉放入榨汁口［图2-16（c）］；

（5）用榨汁机自带的压棒把瓜肉压至榨汁口底部，彻底榨出果汁［图2-16（d）］；

（6）把西瓜汁倒入另一容器并置于冰箱中保鲜。

知识延伸

一、榨汁工具

专用榨汁机——榨取橙汁、柠檬的专用工具，分电动和手动两种（图2-17）。

图2-17
手动榨汁器

通用榨汁机——榨取果蔬汁的工具，适用于富含水分的蔬果原料，如西瓜、哈密瓜（图2-18）。

搅拌机——加水并搅碎果肉的工具，适用于水分含量少的蔬果。

图2-18
通用榨汁机

二、鲜榨胡萝卜汁

把去皮胡萝卜切成条状，放进通用榨汁机中榨汁。榨汁前最好把胡萝卜放进冰水中浸泡一会儿，可补充其因放置时间长而流失的水分，并保持胡萝卜汁的自然味道。

想一想

为什么鲜橙浸泡热水后会多榨出橙汁？

使用鲜橙（或柠檬、橘子）榨汁时，如能先用60 ~ 70℃热水浸泡10分钟左右，可多产1/5的橙汁。其主要原理是通过果肉的软化和果胶质的水解提高出汁率。

活动2　鲜榨杧果汁

工作日记　鲜榨果蔬汁的秘密

活动场地：酒店大堂酒吧。

出场角色：实习生小徐（我）、调酒师小莫。

情境回顾：正所谓吃一堑长一智。经历过上次工作失误后，每当接受新的工作任务时我都会把工作细节问得清清楚楚，避免再出差错。今早，还是由我负责榨果汁。

小徐（我）："小莫，为什么苹果汁不采取提前榨汁的做法？"

小莫："主要原因是苹果汁极易氧化变黑，所以……"

小徐（我）："哦！我知道了，怪不得我们酒吧还特意选用有颜色的果汁杯来装鲜榨苹果汁，原来是因为它的颜色不好看。"

小莫："对，很正确！"

小徐（我）："难道就没有办法让苹果汁不变色吗？例如把苹果肉预先泡在冰水或盐水里？"

小莫："这倒也是一种方法。不过，这样做只能延缓苹果汁变色的时间，治标不治本。除非在鲜榨苹果汁中加入添加剂，但在我们酒店是绝对禁止使用的。"

小徐（我）："添加剂？是什么东西？"

小莫："是一种有效防止鲜榨果蔬汁氧化变色和分层的化学稳定剂。"

小徐（我）："原来是这样！我还想知道更多鲜榨果蔬汁的知识。"

小莫："一些水果自身的水分含量少，榨汁时只能加水、糖浆、奶等辅助原料，通过搅拌制成混合果汁饮品。例如制作鲜榨杧果汁、椰子（肉）汁均属此类。来，我示范给你看。"

小徐（我）："好的！"

角色任务：以实习生小徐的身份，学习使用搅拌机制作鲜榨杧果汁。

鲜榨杧果汁的操作程序

原料：杧果1只、蒸馏水20 oz、白糖浆6 oz。

工具：搅拌机、冰夹、砧板、刀。

做法：

（1）杧果起肉［图2-19（a）］；

（2）把杧果肉切成块状并置于盛器中［图2-19（b）］；

（3）用冰夹把杧果肉放进搅拌机中［图2-19（c）］；

（4）按分量倒入白糖浆和蒸馏水［图2-19（d）］；

（5）盖上搅拌机杯盖，启动机器，把果肉与水充分搅拌［图2-19（c）］；

（6）把杧果汁倒入容器并置于冰箱中保鲜。

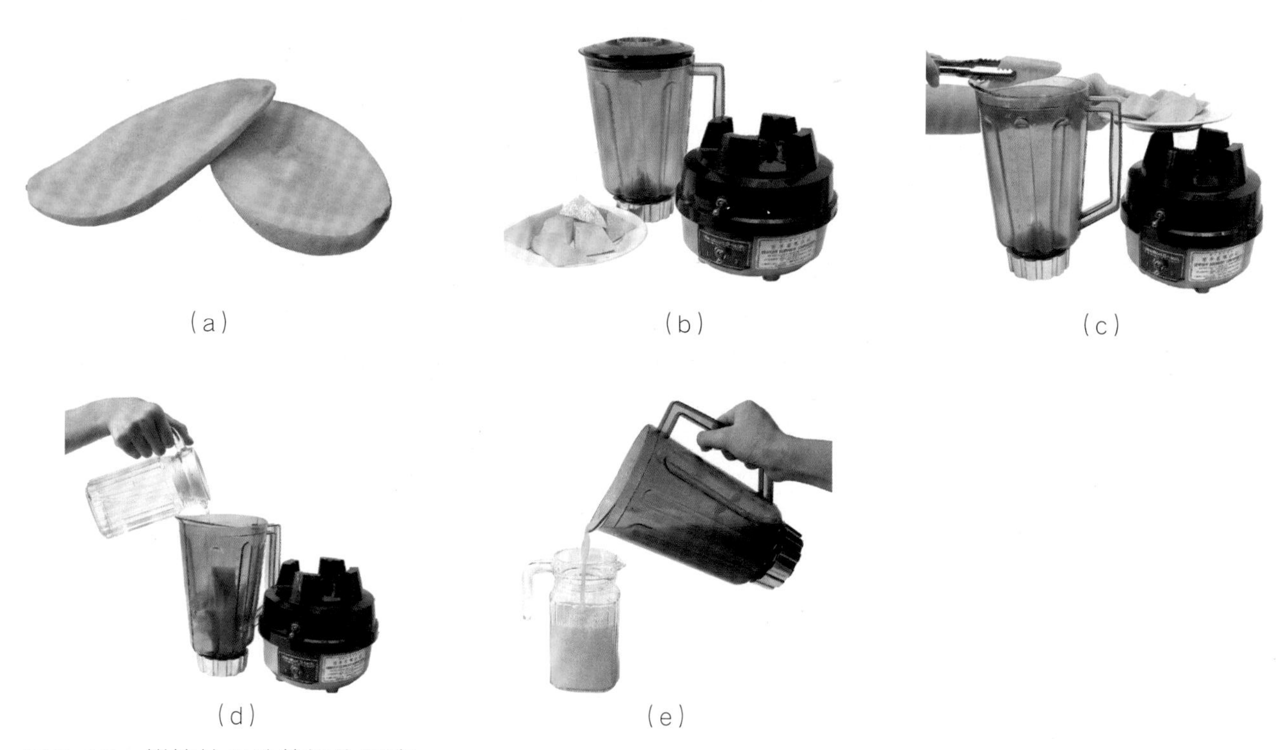

（a）（b）（c）（d）（e）

图2-19　鲜榨杧果汁的操作程序

知识延伸

一、鲜榨椰子汁的操作程序

原料：老椰子1只、蒸馏水50 oz、糖浆12 oz、淡奶10 oz。

工具：搅拌机、滤网、砧板、刀。

做法：

（1）把椰子肉切成1 cm × 1 cm粒状，洗干净备用；

（2）在搅拌机中加入蒸馏水和椰子肉粒，搅碎并过滤出果汁；

（3）在椰子汁中加入糖浆和淡奶，用吧勺调和均匀；

（4）把果汁倒入容器并置于冰箱中保鲜。

二、关于增甜剂——糖

在饮品制作中加入甜味剂，可达到强化饮品甜味的目的。

液态糖——又称为糖浆、糖胶、糖水。常见的品种有蜜糖、红糖浆、绿糖浆和白糖浆等。由于其容易融合在液体当中，因此被广泛地使用在饮品制作中，特别是冷饮，如鸡尾酒。

固态糖——适用于热饮，如饮用咖啡时放入的白方糖。

三、制作糖浆

酒吧中白糖浆通常是自行调配的，其制作方法如下：

（1）调配比例：白糖与水的重量比例是2∶1。

（2）具体制作方法：

搅拌——用搅拌机把白糖和水充分搅和在一起。由于此法较为方便实用，在酒吧中被广泛使用。

熬制——把白糖和水通过加热的方式融合在一起。为了保证糖浆成品色泽纯净，一般使用不锈钢锅（桶）来熬制。当制作的糖浆量比较大时可用此法。

（3）制作过程中应注意的事项：

① 制作量不宜过多，最多是一周的用量；

② 制好的白糖浆应放入冰箱中保存，保质期为一周；

③ 若成品出现糖霜现象，应马上停止使用。

想一想

为什么在酒店中鲜榨果蔬汁总会提前制好？

鲜榨果蔬汁出品服务规定：果蔬汁中不加入冰块。为达到最佳饮用温度，酒店酒吧会提前把果蔬汁统一榨取，放进冰箱中冷藏备用。

有个别酒吧采取即点即榨的方式销售鲜榨果蔬汁。为确保适合的饮用温度，榨汁前需把果蔬冷藏，当榨汁完成后应立即倒入杯中提供给客人饮用。

课后练习

一、简答题

1．榨取鲜果蔬汁的机器有哪两大类？

2．为什么橙子浸泡热水后能多榨出橙汁？

二、判断题

1．(　　)富含水分的水果应用榨汁机榨取果汁。

2．(　　)制作鲜榨果蔬汁时，应把西红柿、胡萝卜用热水浸泡后再榨取果蔬汁。

3．(　　)糖浆制作完成后，需要放在60℃以上的环境里保存。

4．(　　)榨取橙汁前，用热水浸泡橙子一段时间，可多榨出1/2的橙汁。

5．(　　)鲜榨果蔬汁都应提前榨汁冷藏。

三、单项选择题

1．制作鲜榨果蔬汁时，可把(　　)用热水浸泡后再榨取。

A．胡萝卜、橘子、西红柿、芦柑　　B．橙、柠檬、橘子

C．西红柿、胡萝卜、芦柑　　D．胡萝卜、橘子、芦柑

2．调配糖浆时，白糖与水的重量比是(　　)。

A．3∶1　　B．2∶1　　C．1∶2　　D．1∶3

3．若糖浆使用超过一周，(　　)。

A．可继续使用　　B．应停止使用

C．再加些开水后，继续使用　　D．再加些矿泉水后，继续使用

任务导入 鲜榨果蔬汁是指从新鲜蔬果中直接榨取，不加水及其他任何添加剂的果蔬汁。鲜榨果蔬汁既好喝又健康，已经成为现代生活中必不可少的美味饮品。而混合鲜榨果蔬汁由于口味特别，又弥补了单一果蔬汁缺少的营养素而更受消费者青睐。

任务3
调制果蔬汁

学习目标

1. 掌握青柠苏打的制作过程；
2. 掌握混合鲜榨果蔬汁的制作程序。

预备知识

新鲜果蔬汁经巧妙调制后可形成更加特殊的口味。"青柠苏打"是一款深受消费者喜爱的调配果汁，做法并不复杂，但味道却很好。混合鲜榨果蔬汁以其颜色绚丽、口味特别、营养丰富和千变万化成为时下最为时尚的健怡饮品。

活动1 调制青柠苏打

工作日记 调酒师应有的特质

活动场地：酒店大堂酒吧。

出场角色：实习生小徐（我）、领班小李。

情境回顾：近段时间里，我越来越觉得调酒师这份工作非常适合我。正好今天只有我和领班小李两人上早班，于是我趁着这个机会向他请教我事先准备好的问题。

小徐（我）："作为调酒师，您觉得什么特质是最重要的呢？"

小李："个性、真诚、热情、自信和观察力。如果列举的话还有很多很多，而这些在我看来，只是最基本的。态度决定一切，至少在一开始的时候就应该是这样。"

小徐（我）："如果我拥有最好的技能、知识、反应速度、想象力和俊朗的外表，还不够吗？”

小李：“试想一下，站在吧台里面的人，拥有你刚才所说的特质而忽略了前面提到的各种基本品质，那么你只能是站在吧台里的一个人，而不可能成为一名调酒师。”

小徐（我）：“哦，我明白了。”

小李：“来吧，未来的调酒师，你就从这一杯‘青柠苏打’开始学习怎样调制饮品吧！”

角色任务：以实习生小徐的身份，学习调制简易混合饮品。

青柠苏打的操作程序

原料：青柠檬1/2只、白糖浆1.5 oz、食盐1/3吧匙、苏打水5 oz。

工具：吧匙、摇壶、滤网、冰夹、砧板、刀、吸管、搅棒。

制法：

（1）把青柠檬切成几份［图2-20（a）］；

（2）准备摇壶［图2-20（b）］；

（3）把滤冰器倒置在壶身上［图2-20（c）］；

（4）在滤冰器中，用拇指按压青柠檬榨出果汁［图2-20（d）］；

（5）压出青柠檬汁的方法除第（4）点以外，还可选用挤汁器榨汁［图2-20（e）］；

（6）用滤网过滤青柠檬汁并倒入装有半杯冰块的柯林杯中［图2-20（f）］；

（7）在柯林杯中加入白糖浆［图2-20（g）］；

（8）在柯林杯中加入少量食盐［图2-20（h）］；

（9）在柯林杯中边倒入苏打水边搅拌均匀［图2-20（i）］；

（10）用冰夹夹入青柠檬片作装饰［图2-20（j）］；

（11）最后插上吸管和搅棒［图2-20（k）］。

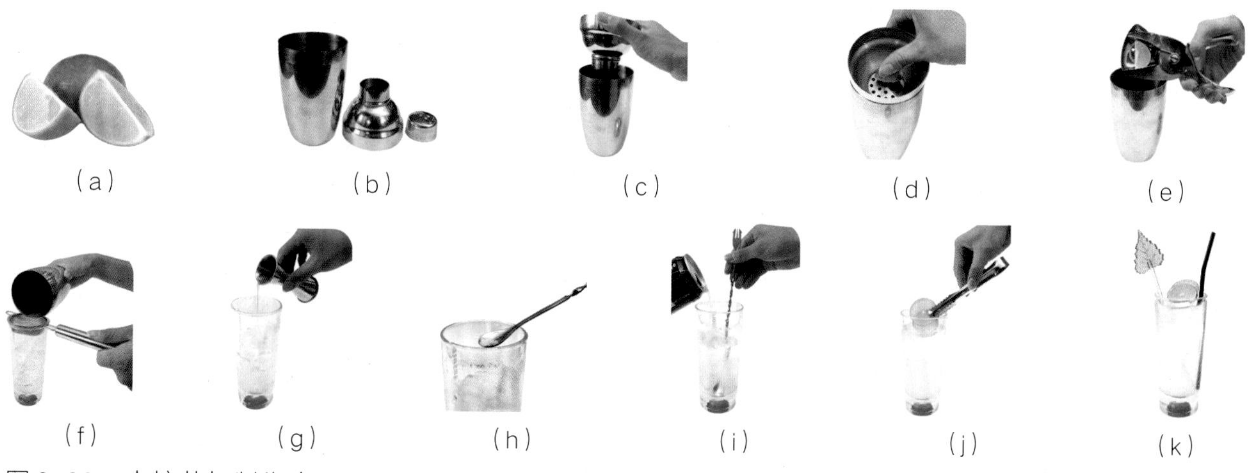

(a) (b) (c) (d) (e) (f) (g) (h) (i) (j) (k)

图2-20　青柠苏打制作流程

知识延伸

一、什么是Lime cordial？

新鲜青柠糖浆，广泛用于调制鸡尾酒或不含酒精的饮料中。我们获取这种糖浆的途径包括在超市购买现成的或自己熬制。

制作青柠糖浆和青柠苏打

二、Lime cordial的操作程序

（1）鲜榨青柠檬汁一份，过滤后备用；

（2）把青柠檬皮削下，放入搅拌机中，倒入鲜榨青柠檬汁，搅碎，过滤萃取出柠皮油（水）与青柠檬汁的混合物，备用；

（3）制作白糖浆。以2份糖和1份水的比例熬煮至糖完全熔化；

（4）待糖浆冷却至50℃左右时，倒入柠皮油（水）与青柠檬汁的混合物再混合；

（5）把以上混合物装入容器中并置于冰箱中保鲜。

三、使用Lime cordial调制鸡尾酒——螺丝钻GimLet

制作螺丝钻

原料：金酒1.5 oz、青柠糖浆0.5 oz、冰块。

装饰物：柠檬角。

工具：摇壶、阔口香槟杯。

制法：

（1）把以上原料放入摇壶中摇和后倒入已做冰杯处理的阔口香槟杯中；

（2）杯口上饰以柠檬角。

想一想

为什么要在“青柠苏打”中加入食盐？

（1）能带出青柠檬的清香味道；

（2）能使味道更丰满、更具特色。

活动2　混合鲜榨果蔬汁

工作日记　品味混合果蔬汁

活动场地：酒店大堂酒吧。

出场角色：实习生小徐（我）、酒水部陈经理。

情境回顾：某天下午的一堂培训课。

陈经理：“小徐，来，闭上眼睛尝一尝，猜一猜这是什么果汁？”

小徐（我）：“味道很特别！应该是由几种果汁混合而成的吧？我能从味道和香

味中辨别出有菠萝汁，其他的，好像还有橙汁？”

陈经理：“看来你的味觉还行，不过你先别睁开眼睛，让我改变果汁的调配比例，你再品尝一次看看。”

小徐（我）：“嗯！这次我可以很肯定地说，混合成分是菠萝汁和橙汁。”

陈经理：“正确！”

小徐（我）：“陈经理，你刚才是如何调配的？”

陈经理：“刚才我先是以一份菠萝汁和一份橙汁相勾兑让你品尝，因为菠萝汁的味道盖住了橙汁的，这样你就很难确定是否有橙汁的成分，后来我再以酒吧制定的勾兑比例重做了一次让你再次品尝，结果你很快、很准确地说出了答案。”

小徐（我）：“这又说明什么呢？”

陈经理：“调配的比例一定要按照标准，否则客人每次来品尝的感觉都会不一样！”

小徐（我）：“按照设定比例来调制的依据是什么呢？”

陈经理：“在我们酒吧是以各种果蔬汁味道的平衡为原则设定的。”

小徐（我）：“设定的比例会一成不变吗？”

陈经理：“不会。酒吧会根据季节变化和蔬果来源（产地）作出相应的调整。”

小徐（我）：“原来是这样的！”

陈经理：“小徐，先由你来试制这杯混合果汁吧！能产生分层效果的新鲜果蔬汁有……”

角色任务：以实习生小徐的身份，试制混合鲜榨果蔬汁。

橙汁与菠萝汁混合的操作程序

原料：去皮菠萝、橙子、白糖浆。

工具：榨汁机、冰夹、吧匙、吸管、搅棒、砧板、刀、装汁容器。

制法：

（1）把菠萝和橙子榨汁并分别装入容器中，在柯林杯中装入冰块［图2-21（a）］；

（2）倒入鲜榨橙汁［图2-21（b）］；

（3）左手拿吧匙配合，右手慢慢把鲜榨菠萝汁倒入柯林杯中。菠萝汁浮在橙汁上产生分层效果［图2-21（c）］；

（4）插上吸管和搅棒［图2-21（d）］。

（a） （b） （c） （d）

图2-21 橙汁与菠萝汁混合的制作程序

知识延伸

一、为什么制作混合鲜榨果蔬汁时可在杯中放入冰块？

放入冰块能使各种鲜榨果蔬汁混合时更容易分出层次。有些原料如青瓜、香蕉，并不都是提前榨汁放在冰箱中预冷的，加入冰块可使混合果蔬汁达到最佳饮用温度。

二、其他混合鲜榨果蔬汁实例

（1）椰子菠萝汁；

（2）青瓜苹果汁；

（3）胡萝卜苹果汁；

（4）香蕉菠萝汁；

（5）青瓜胡萝卜汁（图2-22）；

（6）香瓜胡萝卜汁（图2-23）；

（7）鲜橙青瓜香瓜汁（图2-24）。

图2-22
青瓜胡萝卜汁

图2-23
香瓜胡萝卜汁

图2-24
鲜橙青瓜香瓜汁

想一想

多种鲜榨果蔬汁混合勾兑时，应如何调配比例？

（1）可根据成品味道平衡进行调试；

（2）可根据营养（人体吸收）按比例进行混合。

课后练习

一、简答题

1. 为什么要在“青柠苏打”中加入食盐？
2. 为什么制作混合鲜榨果蔬汁时可在杯中放入冰块？
3. 多种鲜榨果蔬汁混合勾兑时，应如何调配比例？

二、操作练习

试制鲜橙杧果汁。

任务导入 软饮料服务分冷饮和热饮服务两种。在酒吧中软饮料冷饮泛指矿泉水、果蔬汁和汽水三种，热饮则包括茶水和咖啡等。

任务4
软饮料服务

学习目标

1. 掌握软饮料服务工作流程；
2. 通过案例认识服务细节。

预备知识

软饮料服务的工作流程：准备相应的杯具—准备软饮料—服务软饮料。

活动1 矿泉水出品服务

工作日记 倒霉的一天

活动场地：酒店大堂酒吧。

出场角色：实习生小徐（我）、领班小李。

情境回顾：工作中的一段对话……

小徐（我）："你是否曾遇到过一些难忘的工作经历？"

小李："记得有个晚上，酒吧来了位客人，当时他只点了一瓶矿泉水，坐在吧台旁。我能感觉到他的情绪有些低落，于是便主动与他聊了起来：'您好像有心事？'客人回答说：'的确有点，昨天我飞到新加坡参加了一个沉闷的会议，结果没能解决任何问题，当我回程时，飞机却又因天气问题延误。'我说：'其实我的一天也很糟糕，当出门上班时发现家里大楼的电梯坏了，我只好从20楼往下走，来到公交站又错过了班车，一路上交通堵塞，结果上班迟到了。来到工作岗位那一刻，我知道一切都将好起来！'客人笑着对我说：'看来今天是我们的日子！'"

小徐（我）："后来呢？"

小李：“我们聊了好久，都是一些随意的话题！也许是我的诚恳让他感动，也给他带来了好心情，在那晚之后我们成了很好的朋友。”

小徐（我）：“这个经历说明了些什么？”

小李：“虽然某些客人消费不高，可能只点一瓶矿泉水，但我们也应尽力为客人营造美好而又难忘的消费经历。聪明的推销员往往看到的是客户潜在的消费力而非眼前的收益。”

角色任务：以实习生小徐的身份，学习矿泉水在吧台上的出品服务。

在吧台上的矿泉水出品服务程序

（1）把两张杯垫摆放在吧台上，杯垫图案朝向客人；

（2）把高杯放在靠近客人右手的杯垫上；

（3）打开矿泉水瓶盖前需向客人确认品牌并询问是否现在打开；

（4）倒矿泉水时，商标正面朝向客人；

（5）把剩余矿泉水的瓶子摆放在高杯右上方的另一张杯垫上，商标正面朝向客人；

（6）询问客人是否需要加入柠檬片并为客人夹入杯中；

（7）请客人慢慢品尝；

（8）主动为客人添加矿泉水并及时询问是否再要一瓶。

想一想

为什么矿泉水服务不宜在杯中加入冰块？

酒店使用的冰块是由制冰机制成的，而连接制冰机的水一般是经过过滤的自来水。如果在矿泉水或蒸馏水中添加冰块，会影响口感，因此矿泉水或蒸馏水需在雪柜中连瓶冷冻，达到饮用温度即可装杯，服务时不需加冰。

知识延伸

图2-25　蒸馏水出品服务

矿泉水或蒸馏水出品服务注意事项

（1）饮用前需要冷藏，饮用温度为8 ~ 12℃；

（2）使用高杯或水杯，杯中不加冰块；

（3）倒矿泉水时，瓶口不能触到杯口边缘；

（4）可询问客人是否需要并加入柠檬片（图2-25）；

（5）瓶装水和罐装水必须在客人面前打开。

活动2　果蔬汁出品服务

工作日记　向客人推荐饮品的技巧

活动场地：酒店大堂酒吧。

出场角色：实习生小徐（我）、领班小李。

情境回顾：工作中的一段对话。

小徐（我）："小李，我觉得你很能读懂客人的心理，并能为他们推荐出合适的饮品。你是如何做到的？"

小李："不同的文化背景及年龄段的客人其特质都不同。在不同的场合和环境中，我会根据自己的直觉判断，选择性地向客人提出几个问题，例如，您最喜欢的文化是什么？您的口味是偏甜还是偏酸？您希望果味浓一些的鸡尾酒还是经典的鸡尾酒？大杯的还是小杯的饮品？当然，这些只是问题中的一部分，通常我会努力把问题控制在三个以下，但这一切都需要视情况而定，最后再做综合评价，向客人推荐适合他们口味的饮品。"

小徐（我）："感觉很复杂！"

小李："多注意观察客人，再利用业余时间看看有关营销心理学方面的书籍，相信会对你有帮助。"

小徐（我）："谢谢你的建议。"

角色任务：以实习生小徐的身份，学习果蔬汁在吧台上的出品服务。

在吧台上的果蔬汁出品服务程序

（1）在工作吧台上把果蔬汁倒入果汁杯中；

（2）把杯垫摆放在吧台上，杯垫图案朝向客人；

（3）把果蔬汁摆放在杯垫上（图2-26）；

（4）请客人慢慢品尝；

（5）及时询问客人是否续杯。

图2-26　果蔬汁出品服务

知识延伸

果蔬汁出品服务注意事项

（1）饮用前需要冷藏，饮用温度为10℃；

（2）使用果汁杯或高杯，杯中不加冰块；

（3）绝大部分果蔬汁不在杯中加入冰块和柠檬（番茄汁除外）。

想一想

为什么要在番茄汁中加入柠檬片？

番茄汁饮用时加入柠檬片，可增加清香味并能带出番茄汁新鲜的味道。不过，在加前需征得客人同意。

活动3　汽水出品服务

工作日记　酒水的定价

活动场地：酒店大堂酒吧。

出场角色：实习生小徐（我）、领班小李。

情境回顾：某天早上，有位客人来到吧台坐下后点了一罐可乐。当我按收费标准向客人收费时，客人惊讶地说："有没有搞错，一罐可乐在你们酒店要45元？"我一下子懵了，不知如何回应。

领班小李马上接着说："真对不起，先生，让您生气了。您说得对，45元一罐可乐的确是贵了一点，不过您看，酒店的装修环境这么舒服，服务娱乐设施那么齐全，待会儿还有著名乐队表演，表面上看起来价格是高了一点，不过从品尝和享受的综合性价比来看还是有所值的，您说不是吗？先生，不妨您慢慢感受一下。"

就这样，一场可能会发生的争执很快被小李平息下来。

小徐（我）："酒店酒吧的定价是否偏高？"

小李："不同的消费场所其产品销售的价格也不同。在五星级酒店一罐可乐卖45元是很正常的。你看，酒店在提供饮品的同时还提供了相应的服务，提供了饮用可乐的场地及环境等。只是有个别客人由于多种原因限制，例如赶时间，未能全部感受到而觉得偏贵。酒店的餐饮毛利率一般都很高，而酒店酒吧的毛利率则要定得更高了。"

角色任务：以实习生小徐的身份，学习汽水在吧台上的出品服务。

在吧台上的汽水出品服务程序

（1）把两张杯垫摆放在吧台上，杯垫图案朝向客人；

（2）在高杯中加入半杯冰块并放在靠近客人右手的杯垫上；

（3）打开汽水瓶（罐）盖前需向客人确认汽水品牌并询问是否现在打开；

（4）倒汽水时，商标正面朝向客人（图2-27）；

（5）将剩余汽水的瓶（罐）摆放在高杯右上方的另一张杯垫上，商标正面朝向客人；

（6）询问客人是否需要加入柠檬片并为客人夹入杯中；

（7）在高杯中插上搅棒和吸管（图2-28）；

（8）请客人慢慢品尝；

（9）主动为客人添加汽水并及时询问是否再要一瓶（罐）。

图2-27　汽水商标正面朝向客人

图2-28　汽水出品服务

知识延伸

汽水出品服务注意事项

（1）饮用前需要冷藏，饮用温度为10℃；

（2）使用高杯并在杯中加入半杯冰块；

（3）倒汽水时，瓶口不能触到杯口边缘；

（4）绝大部分汽水可在杯中加入柠檬片（橙味汽水除外）；

（5）瓶装汽水和罐装汽水必须在客人面前打开。

想一想

为什么不在橙味汽水中加入柠檬片？

由于柠檬和橙子的味道容易串味，所以橙味汽水出品服务时不建议加入柠檬片。

课后练习

一、简答题

简单归纳“活动3”中的案例，小李运用了什么方法消除客人的异议？

二、单项选择题

1．果蔬汁制作完成后应（　　）提供给客人饮用。

A．加热1分钟，再倒入杯中　　B．立即倒入杯中

C．静置2分钟，再倒入杯中　　D．加热并静置6分钟，再倒入杯中

2．碳酸饮料包括（　　）等。

A．丁香、橙汁、咖啡甘露、苏打水　　B．可乐、雪碧、七喜、苏打水

C．丁香、柠檬汁、薄荷酒　　D．安哥斯特拉苦精、咖啡甘露、雪碧

模块三

我开始接触酒水了

任务导入 经过加工、制造，可供饮用的液体称为饮料。在酒吧里，饮料通常被称为“酒水”，它包含酒精饮料和无酒精饮料两大类，例如酒、汽水、蒸馏水、咖啡、茶、牛奶等，但是水、药水、纯酒精不属于饮料范围。

酒水是一个大家族，如何识别它们？这就需要我们对酒水进一步了解，并掌握其分类方法。

任务1
酒水类别的认识

学习目标

1．了解酒的种类和懂得划分酒水类别；

2．掌握酒水的分类知识，重点掌握按商品类别和生产工艺进行分类的方法。

预备知识

酒水的分类方法很多，可通过颜色、酒精含量、生产原料、香气、商品类别、生产工艺等分别对酒水进行分类。酒水经分类后，我们就能更清楚地区分每种酒的属性。

活动1　按商品类别进行酒水分类

工作日记　转正申请

活动场地：酒店大堂酒吧。

出场角色：实习生小徐（我）、领班小李。

情境回顾：在酒店大堂酒吧实习已将近半年时间，鉴于我在实习期间良好的工作表现，酒水部陈经理通知我准备提交实习生转正申请书。此刻，我觉得这段时间以来的辛苦都是值得的。

小李：“小徐，恭喜你提交转正申请。你知道吗？下一季度的部门员工培训计划里，将由陈经理给我们系统地讲述酒水知识，你可别错过这次难得的培训机会喔！要知道，对酒水知识一知半解，是绝对不能胜任调酒师岗位的。”

小徐（我）：“是的，我会继续努力。”

角色任务： 请以实习生小徐的身份认真学习酒水知识。

按商品类别进行酒水分类

按商品类别进行酒水分类，见表3-1。

表3-1　按商品类别进行酒水分类

类别	图片
餐前酒（Aperitif），也称开胃酒，是指在餐前饮用，能刺激人的胃口，使人增加食欲的酒水，例如味美思、茴香酒	
佐餐酒（Wine），也称葡萄酒，是西餐配餐的主要酒类。它包括红葡萄酒、白葡萄酒、玫瑰红葡萄酒和汽酒	
甜食酒（Dessert Wine），是吃甜品时所饮用的带有甜味的葡萄酒。这种葡萄酒酒度高于佐餐酒，达到16%Vol.以上，例如雪利酒、波特酒	
利口酒（Liqueur），又称为香甜酒，因糖分含量很高，一般在餐后饮用帮助消化，或作为调香辅料用于鸡尾酒中，例如君度酒、薄荷酒	
烈酒（Spirit），是酒度在40%Vol.以上的酒，例如白兰地	
啤酒（Beer），是用麦芽、水、酵母和啤酒花直接发酵制成的低度酒	
软饮料（Soft Drink），是不含酒精的饮料	

知识延伸

酒的颜色的形成途径

（1）来自酿造原料本身的颜色，如红葡萄酒的颜色来自酿酒原料红葡萄。

（2）在生产过程中自然生色，如在蒸馏过程中酿酒原料颜色的改变。

（3）人工或非人工增色。人工增色主要是通过添加色素或调色剂。非人工增色主要是在陈化过程中产生，如白兰地的颜色来自于陈化的橡木桶。

想一想

酒的喝法常见有哪三种？

（1）“净饮”（Straight），指饮用的酒水不与任何配料混合（包括冰块和水），直接饮用；

（2）“加冰饮用”（On The Rocks），是最常见的饮酒方式；

（3）“混合”（Mix），指把其他酒类或其他配料混合在一起饮用。

活动2　按生产工艺进行酒水分类

工作日记　陈经理的酒店工作经历

活动场地： 酒店培训教室。

出场角色： 实习生小徐（我）、酒水部陈经理。

情境回顾： 小徐（我）：“陈经理，在上课前能谈谈您过去的经历吗？您是如何进入酒店行业的？”

陈经理：“我出生于清贫之家，父母是小学教师。从懂事时起，身为长子的我就得在家里照顾弟弟和妹妹，干力所能及的家务活，在我还没有上学之前，就会做一些简单的菜肴，可以说，我从小就喜欢动手。考大学时，我选择酒店管理专业，主要原因是个人喜欢。当时酒店管理还是个冷门专业，最缺技术型的管理人才，这就意味着酒店行业将来会有很大的发展空间。进入一个将来有发展空间而目前还比较冷门的专业，你个人的能力将会得到极大的锻炼和发挥。”

小徐（我）：“过去的那些经历对您的发展起到了哪些帮助？”

陈经理：“小时候母亲给我讲过一个故事，一位牧师分别问三个石匠他们在从事什么工作，第一个石匠说：‘我在砌墙。’第二个石匠说：‘我在建房。’而第三个石匠说：‘我在为十年后建一座世界上最壮观的大教堂而做准备。’它给了我启发，每个人都必须树立自己的人生目标并为之奋斗。我最早是从服务员工作做起，在工作的同时，注重交际和协调能力的培养，随机应变，学会个性化的服务。面对不同的服务对象，满足他们不同的需求。面对有些客人的无理要求，还要学会平衡自己的心态，锻炼心理承受能力。一个人的事业要成功，首先要喜爱你的职业，先做正确的事，然后再把事情做正确……”

角色任务：请以实习生小徐的身份认真学习酒水知识。

按生产工艺进行酒水分类

1. 发酵酒（Fermented Wine）

所谓发酵酒，又称为酿造酒、原汁酒，是在含有糖分的液体中加入酵母进行发酵而产生的含酒精饮料。其生产过程包括糖化、发酵、过滤、杀菌等。

发酵酒的主要酿酒原料是谷物和水果，其特点是酒精含量低，保持原汁原味。

2. 蒸馏酒（Distilled Wine）

蒸馏酒又称为烈性酒，是通过对酒精液体加以蒸馏提纯而获得的含有较高度数的酒精饮料。蒸馏酒是根据酒精的物理性质，采用汽化方式而提取的高纯度酒液。

将发酵酒加热并保温在78.3℃时，可获得由液态转化为气态的酒精，再将汽化酒精输入管道冷却后，便可获得高浓度的液态酒精。

3. 混配酒（Compounded Wine）

混配酒是酒与酒之间进行勾兑或者酒与药材、香料和植物通过浸泡、蒸馏、混合的方法生产出来的酒水。混配酒的酒基可以是发酵酒，也可以是蒸馏酒，还可以两者兼有。

混配酒通常分四大类，即餐前酒、甜食酒、利口酒和鸡尾酒。

知识延伸

世界六大著名蒸馏酒

世界六大著名蒸馏酒见表3-2。

表3-2　世界六大著名蒸馏酒

酒名	酿酒原料	主要产国（地区）	年份
特基拉（Tequila）	龙舌兰	墨西哥	有/无年份

续表

酒名	酿酒原料	主要产国（地区）	年份
朗姆酒（Rum）	甘蔗糖	牙买加、古巴	有年份
伏特加（Vodka）	谷物、土豆	俄罗斯、美国	无年份
金酒（Gin）	谷物、杜松子	英国、荷兰	无年份
威士忌（Whiskey）	谷物、大麦、玉米	苏格兰、美国	有年份
白兰地（Brandy）	葡萄、水果	法国干邑	有年份

想一想

发酵酒酒度低的原因是什么？

发酵酒的酒度一般不超过15%Vol.，因发酵过程中，当酒度达到13% ~ 15%Vol.时，酒液中的乙醇会使酵母停止活动而终止发酵。此外，发酵酒的酒度主要由发酵原料含糖量的多少决定，糖分完全分解成乙醇时，便停止发酵。

课后练习

一、简答题

1．什么是发酵酒？

2．什么是蒸馏酒？

3．什么是混配酒？

二、判断题

1．（　　）鲜牛奶、果蔬类饮料、碳酸类饮料都属于酒吧冰镇饮料。

2．（　　）水、牛奶、咖啡、白酒和果蔬汁都属于饮料。

3．（　　）发酵酒的主要特点是生产过程简单，保持原汁原味。

4．（　　）发酵酒的主要特点是酒精含量低于15%Vol.，保持原汁原味。

5．（　　）啤酒、葡萄酒和黄酒都是发酵酒。

6．（　　）发酵酒又称原汁酒或酿造酒，是在含有糖分的原料中加入酵母进行提纯而得到的酒精饮料。

7．（　　）饮料按照是否含有酒精可分为酒精饮料和软饮料。

8．（　　）白兰地的颜色来源于人工增色。

9．（　　）红葡萄酒的颜色来自酿酒原料红葡萄。

10．（　　）鸡尾酒属于混配酒。

三、单项选择题

1．饮料按其物理形态可以分为（　　）。

A．碳酸饮料和硬饮料　　B．固态饮料和液态饮料

C．软饮料和酒精饮料　　D．软饮料和非碳酸饮料

2．(　　)都属于饮料。

A．矿泉水、水、咖啡　　B．矿泉水、纯酒精、茶

C．水、白酒、咖啡　　D．矿泉水、白酒、茶

3．发酵酒的主要特点是酒精含量低于15%Vol．和(　　)。

A．生产过程简单　B．价格低廉　C．酿造原料单一　D．保持原汁原味

4．发酵酒又称原汁酒或酿造酒，是在含糖分的原料中加入(　　)进行发酵而得到的酒精饮料。

A．酒精　B．酵母　C．脂肪　D．霉菌

5．(　　)都不属于饮料。

A．水、药水、纯酒精　　B．果汁、药水、矿泉水

C．牛奶、果汁、纯酒精　　D．茶、药水、纯酒精

6．凡是可以饮用的液体都可以称为饮料，但不包括(　　)。

A．牛奶　B．水、纯酒精　C．茶　D．果汁

7．(　　)又称原汁酒或酿造酒，是在含有糖分的原料中加入酵母进行发酵而得到的酒精饮料。

A．发酵酒　B．蒸馏酒　C．配制酒　D．鸡尾酒

8．佐餐酒，也称为(　　)。

A．葡萄酒　B．汽酒　C．利口酒　D．餐前酒

9．下面不属于蒸馏酒的是(　　)。

A．伏特加　B．威士忌　C．白兰地　D．葡萄酒

10．下面不属于混配酒的是(　　)。

A．药材酒　B．餐前酒　C．白兰地　D．鸡尾酒

任务导入

啤酒是人类生产的最古老的饮料之一，至少可以追溯到公元前5世纪的伊朗，被记录在古埃及和美索不达米亚的书面历史中，并传播到全世界。1079年，添加了蛇麻花（啤酒花）的啤酒在德国诞生了，这种酒清凉爽口，有一种芬芳的苦味，为全世界的人们所喜爱，这就是现今意义上的啤酒了。

任务2
啤酒服务

学习目标

1．了解啤酒的定义及生产过程；
2．能正确区分生啤酒、熟啤酒和纯生啤酒的异同；
3．能根据不同种类的啤酒使用恰当杯具进行服务；
4．懂得如何向客人介绍啤酒。

预备知识

啤酒指用谷类发酵，经酒花调香的低酒精饮料。生产啤酒的主要原料包括大麦、啤酒花（又称忽布或蛇麻花）、水和酵母四种。

啤酒是一种营养丰富的低酒精饮料，酒精度为4% ~ 8%Vol.，有着“液体面包”的美称。啤酒的产热量高，1L啤酒可以产生425千卡的热量，相当于250g面包产生的热量；啤酒中含有大量氨基酸，目前测定出来的就有17种，其中8种是人体必需的氨基酸。啤酒中还含有丰富的B族维生素。富含泡沫和二氧化碳是啤酒的最大特点。

活动1　向客人介绍啤酒

工作日记　客人消费的特点

活动场地：酒店大堂酒吧。
出场角色：实习生小徐（我）、领班小李。
情境回顾：工作中的一段对话。

小徐（我）：“从营销角度来看，酒吧里消费的客人有何特点？”

小李：“第一，进入酒吧的客人早已准备好买饮品，他们不只是进来看看；第二，大部分客人的消费非一次性而是周期性的。”

小徐（我）：“向客人介绍酒水的目的是什么？”

小李：“第一，引起客人对某些酒水的注意并引导他们购买我们所建议的酒水；第二，向客人介绍酒水时，不仅只有介绍，还有我们专业的知识和殷勤的服务。”

角色任务：以实习生小徐的身份，学习在吧台上向客人介绍啤酒。

一、在吧台上向客人介绍啤酒的服务程序

1. 欢迎客人（调酒师应该在客人抵达1分钟内问候他们）

调酒师：“晚上好，先生，欢迎光临音乐酒吧，我叫小徐，很乐意为您服务，请问先生贵姓？”

客人：“姓钟。”

调酒师：“钟先生，您好！这是我们酒吧的酒水单，请您选用。稍后给您点酒水，谢谢！”

2. 为客人点单时（前）介绍啤酒

简单、明确、礼貌地介绍酒吧现有的啤酒；举止大方，热情耐心。

（1）“您好，钟先生，您需要些饮料吗？”

（2）“钟先生，不妨选用新鲜的扎啤，味道极佳。”

（3）“钟先生，我们有喜力、百威、科罗娜、生力和虎牌啤酒，您喜欢哪一种？”

（4）“钟先生，今晚喜力啤酒在我们大堂酒吧做销售推广，您是否需要？”

二、介绍啤酒时应注意事项

（1）只向客人提供参考意见，不可强行推销；

（2）熟悉各类啤酒的品牌、价格和容量。

知识延伸

一、常见的啤酒品牌

常见的啤酒品牌见表3-3。

表3–3　常见的啤酒品牌

品牌（中文）	品牌（英文）	产地	图片
1．喜力	Heineken	荷兰	
2．百威	Budweiser	美国	
3．科罗娜	Corona	墨西哥	
4．太阳	Sol	墨西哥	
5．生力	San Miguel	中国香港、菲律宾	
6．虎牌	Tiger	新加坡	
7．福斯特	Foster	澳大利亚	
8．嘉士伯	Carlsberg	丹麦	
9．健力士	Guinness	爱尔兰	

二、啤酒销售包装的容量规格

1. 瓶装啤酒（Bottled Beer）

以玻璃瓶包装的啤酒。包装容量有640 mL、500 mL、350 mL、330 mL四种规格。这类包装形式产量最大。

2. 罐装啤酒（Canned Beer）

以铝合金（易拉罐）包装的啤酒。包装容量有500 mL和355 mL两种规格。

3. 桶装啤酒（Cask Beer）

以合金桶包装的生啤酒。包装容量有25 L、30 L和50 L等规格。

想一想

啤酒商标上的度数代表酒度吗？

啤酒商标上的度数和其他酒水的度数不同，它不指酒度，它的含义为麦芽汁浓度，即啤酒发酵进罐时麦芽汁的浓度，日常生活中我们所饮用的啤酒多为11 ~ 12度。

啤酒常以麦芽汁浓度来衡量啤酒的味道、颜色和酒度。在同一品牌、同一类型的啤酒中，麦芽汁浓度高的啤酒比麦芽汁浓度低的啤酒酒液颜色要深，味道要浓，酒度要高。

活动2　瓶装、罐装啤酒出品服务

工作日记　一位来自捷克的住店客人

活动场地：酒店大堂酒吧。

出场角色：实习生小徐（我）、捷克客人。

情境回顾：今早，大堂酒吧来了一位来自捷克的住店客人。客人点了一瓶喜力啤酒，我按服务程序为客人进行了啤酒服务，客人边喝着啤酒边和我交谈起来。

客人："我认为杯中啤酒泡沫的厚度应再高一点。"

小徐（我）："请问您所指的厚度应该是多少呢？现在杯中的泡沫厚度为1.5 cm。"

客人："在我们国家，习惯以杯子高度的1/4来设定泡沫的厚度，要知道泡沫可以提高啤酒风味和防止啤酒氧化。"

小徐（我）："那我可以为您做点什么吗？"

客人："我只是跟你随便聊一聊，我也知道国际上倒啤酒泡沫厚度的标准，你已经做得很好。"

通过这件事，我感受到如能把服务做得更人性化、细节化，相信客人会更开心、更愿意再次光临。

角色任务：以实习生小徐的身份，学习瓶装或罐装啤酒在吧台上的出品服务。

一、在吧台上的瓶装或罐装啤酒出品服务程序

当客人点整瓶或整罐啤酒后，按以下程序为客人提供服务：

（1）把两张杯垫摆放在吧台上，杯垫图案朝向客人；

（2）把啤酒杯放在靠近客人右手的杯垫上；

（3）打开啤酒瓶（罐）盖前需向客人确认啤酒品牌并询问是否现在打开；

（4）把啤酒顺着杯壁慢慢倒入杯中，倒酒时酒瓶的商标始终朝向客人；

（5）把剩余的啤酒放在客人啤酒杯的右上角处的另外一块杯垫上，酒瓶商标朝向客人（图3-1）；

（6）配送小食（花生、青豆仁等）；

（7）请客人慢慢品尝；

（8）当客人杯中啤酒剩余少于半杯时，应及时上前为客人添加啤酒（图3-2）；

（9）及时撤下空瓶罐并进行酒水推销。

图3-1　酒瓶商标朝向客人

图3-2　及时添加啤酒

二、斟倒啤酒时杯具及泡沫要求

啤酒杯要求清洁卫生，斟啤酒时，杯口上必须带有一定的泡沫，其厚度一般为1.5 ~ 2 cm。要注意的是酒杯不能与餐具同洗，若杯内有油渍会影响啤酒泡沫的产生。

知识延伸

一、啤酒的种类（以啤酒的杀菌方式划分）

1. 生啤酒（Draught Beer）

生啤酒即鲜啤酒，指没有经过巴氏杀菌的啤酒，口味鲜美且营养丰富，但因酒液中存留着活性酵母，所以其稳定性差，不利于保存，常温下保鲜期仅有7天左右。此类酒用金属专用酒桶包装，饮用时需经生啤机加工，是当前国际上最流行的啤酒。

2. 熟啤酒（Pasteurism Beer）

熟啤酒指经过巴氏杀菌的啤酒，经处理后的熟啤酒稳定性好，保质期可达6个月，但口感不如生啤酒，常以瓶装或罐装形式出售。

3. 纯生啤酒（Pure Draft Beer）

纯生啤酒和熟啤酒的杀菌工艺不同，设备也不一样，熟啤酒的杀菌方式是在啤酒酿造好

之后进行。经灌装后，通过杀菌机用巴氏杀菌或瞬时高温的方式杀菌，由于经过高温处理，熟啤酒的营养成分会受到破坏。而纯生啤酒则是通过一种特殊的无菌过滤设备过滤除菌（无菌冷过滤），相对于熟啤酒的热杀菌方式，纯生啤酒不用高温就能达到杀菌效果，营养成分不被破坏，口感更鲜、更纯，口味稳定性也更好。纯生啤酒保质期可达6个月，以瓶装或罐装形式出售。

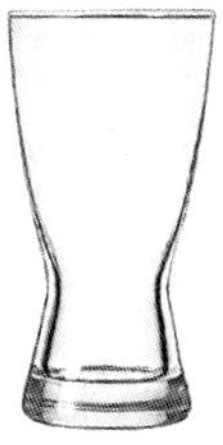

图3-3　比尔森杯

图3-4　矮脚啤酒杯

图3-5　生啤杯

二、啤酒杯的种类

常用的标准啤酒杯有三种形状：第一种是杯口大、杯底小的喇叭形平底杯，也称比尔森杯（Pilsner）（图3-3）。第二种是类似于第一种的高脚或矮脚啤酒杯（Footed Pilsner）（图3-4）。这两种酒杯倒酒比较方便容易，常用来斟倒瓶装啤酒。第三种是带把手的生啤杯（Beer Mug）（图3-5），酒杯容量大，一般用于服务桶装生啤酒。

活动3　生啤酒出品服务

想一想

把啤酒杯放入冰箱中冷冻的作用是什么？

在酒吧服务中，通常把啤酒杯先放入冰箱中冷冻，奉客时才取出酒杯并倒入啤酒，其作用是能较长时间保持啤酒的饮用温度。

工作日记　使用生啤机的窍门

活动场地：酒店大堂酒吧。

出场角色：实习生小徐（我）、领班小李。

情境回顾：这是我第一次使用生啤机。我左手拿起一只啤酒杯子放在啤酒流出口，右手拉动控制开关，大量的泡沫瞬间从生啤机出口处涌出，我条件反射地迅速关闭开关，如此重复多次后仍未能让金黄色的生啤酒从机器中流出。望着满满一杯的泡沫我只好向领班小李求救。见我如此狼狈，小李笑着说："是这样的，流出来的先是泡沫，接着才是酒液。你不要看见流出来的是泡沫就马上关闭开关阀门，让它继续流出即可，你再试试看。"

角色任务：以实习生小徐的身份，学习生啤酒在吧台上的出品服务。

在吧台上的生啤酒出品服务程序

当客人点生啤酒后，按以下程序为客人提供服务：

（1）把杯垫摆放在靠近客人右手边的吧台上，杯垫图案朝向客人；

（2）从啤酒机中压出啤酒注入生啤酒杯中；

（3）把生啤杯放在靠近客人右手的杯垫上，酒杯把手向右；

（4）配送小食（花生、青豆仁等）；

（5）请客人慢慢品尝；

（6）及时撤下空酒杯并进行酒水推销。

知识延伸

一、生啤机的工作原理

1. 结构

生啤机由气瓶、制冷设备和啤酒桶三部分组成（图3-6）。三者之间用专用的导管相连接形成系统。

气瓶——装二氧化碳用，输出管连接到啤酒桶，有开关控制输出气压。工作时输出气压保持在25个大气压（有气压表显示）。

想一想

为什么生啤酒是国际上最流行的啤酒？

生啤酒因其酒液中仍存留活性酵母而更营养丰富和口味鲜美。由于生啤酒是用酒桶统一包装并以零杯销售，因此价格更低，是当前国际上最受欢迎的啤酒种类。

图3-6　生啤机系统

制冷设备——分水冷机与风冷机两种。水冷机的工作原理是将细长弯曲的铜管浸泡在经过急冷的冰水里，酒桶中的生啤酒在气瓶中气的压力推送下流入铜管，输出来的便是冷冻的带二氧化碳的生啤酒。风冷机的工作原理与水冷机大致相同，在冷冻环节中风冷机是将整桶生啤酒放入冰箱中一同冷冻，其优点是能延长生啤酒的存放期，保证整桶啤酒的饮用温度，缺点是在更换酒桶后需要较长的冷冻时间。

啤酒桶——存放啤酒。

2. 使用

生啤机的操作较简单，打生啤时只需按压开关（配出器）就能流出啤酒。刚流出的酒液中泡沫会很多，但几秒钟后泡沫会很少，这是正常现象。泡沫厚度可由开关控制。

3. 保养

生啤机不用时，必须断开电源，卸下接管。生啤机必须每15天由专业人员清洗一次。

4. 摆放的位置

如果条件允许，生啤机系统一般放在前吧台，生啤喷头安装在吧台上。

二、关于啤酒开瓶器

啤酒开瓶器用于开启瓶装汽水或啤酒的瓶盖（图3-7），一般为不锈钢制品，不易生锈，又容易擦干净。

图3-7　啤酒开瓶器

课后练习

一、判断题

1.（　　）啤酒配出器是酒吧的调酒用具之一。

2.（　　）生啤杯一般用于盛装瓶装啤酒、听装啤酒。

3.（　　）柯林杯一般用于盛装瓶装啤酒、听装啤酒。

二、单项选择题

1. 啤酒有（　　）之称。

A. 生命之水　　B. 可爱的水

C. 液体面包　　D. 圣洁之水

2. 生啤机不用时，应（　　）。

A. 断开电源，卸下接管　　B. 不用断开电源但要卸下接管

C. 不用卸下接管但要断开电源　　D. 电源和接管都不用断开

任务导入

葡萄酒是人们日常饮用的低酒精饮品，酒中乙醇含量低，通常为10% ~ 14%Vol.。按西方人的习惯葡萄酒主要用于佐餐，因此，它常被人们称为餐酒。葡萄酒容易入口，含有丰富的营养素，包括B族维生素、维生素C、矿物质和铁质，饮用后可帮助消化并有滋补强身的功能，因此葡萄酒越来越受到不同国家人们的欢迎。

任务3
葡萄酒服务

学习目标

1. 掌握葡萄酒的定义；
2. 熟记常用酿酒葡萄品种；
3. 能根据不同种类的葡萄酒使用恰当杯具进行服务；
4. 能熟悉著名葡萄酒生产国，看懂葡萄酒酒标上的信息；
5. 懂得如何向客人介绍葡萄酒。

预备知识

葡萄酒是用新采摘下来的葡萄按当地传统方法压榨发酵而获得的含食用酒精的饮料。

图3-8　脚踩葡萄

葡萄的成熟季节在每年的9 ~ 10月初，人们将葡萄从种植园中收获回来后，放入榨汁机内压榨，流出的新鲜汁液灌入发酵桶中等候发酵。为避免在榨汁过程中葡萄种子被压碎而影响成酒的质量，传统的做法是人们用脚把葡萄踩碎（图3-8），即使有了今天的现代技术，但这仍是从葡萄皮中获得充足风味和单宁酸的最好方法。

发酵时，葡萄中的酶菌和酵母与葡萄糖作用后分解成酒精和二氧化碳，二氧化碳会以汽化状态排出，数星期后，酒精含量达到13% ~ 15%Vol.时，发酵就会自动停止。刚发酵完成的葡萄酒是混浊不清的，不适宜饮用，要放在木桶内储藏。经过3年左右的陈化，葡萄酒就可以装瓶待售了。

葡萄酒按酒液颜色可分为红葡萄酒、白葡萄酒和桃红葡萄酒三种（表3-4）。

表3-4　按颜色划分的葡萄酒类别

类别	图例
1. 红葡萄酒（Red Wine） 以红葡萄品种为原料经压榨后，连果皮、果肉与果汁混合在一起进行发酵，发酵期间，果皮中析出大量的色素，使红葡萄酒拥有丰富的色彩	
2. 白葡萄酒（White Wine） 白葡萄酒的酿造方法有两种：第一，以红葡萄为原料，压榨后马上分离皮渣，只用果汁发酵；第二，以白葡萄为原料，压榨后可根据情况选择去皮渣或不去，进行发酵；酒的颜色为浅黄色、浅黄绿色等	
3. 桃红葡萄酒（也称玫瑰红葡萄酒Red Rose Wine） 玫瑰红葡萄酒的制作过程在开始时与红葡萄酒是一样的，不同的是酒液和果皮接触时间短（发酵期间取出皮渣），所以只有少量的色素浸出，当酒色达到玫瑰红色时，果皮被取出并将酒液装入另外的容器中继续发酵	

葡萄是生产葡萄酒的主要原料，在赤道南北的温带种植葡萄较为适宜。北纬的30°~50°、南纬的30°~40°被誉为葡萄的黄金生长带，世界上95%以上的酿酒葡萄生长在这两条黄金生长带内。

著名葡萄品种及原产地见表3-5。

表3-5　著名葡萄品种及原产地

著名白葡萄品种	原产地	著名红葡萄品种	原产地
1. 霞多丽（Chardonnay）	法国勃艮第	1. 赤霞珠（Cabernet Sauvignon）	法国波尔多
2. 长相思(Sauvignon Blanc)	法国波尔多	2. 梅洛（Merlot）	法国波尔多
3. 白诗南（Chenin Blanc）	法国卢瓦尔河谷	3. 黑比诺（Pinot Noir）	法国勃艮第
4. 雷司令（Resling）	德国	4. 西拉（Syrah / Shiraz)	法国隆河谷
5. 西万尼（Sylvaner）	德国	5. 品丽珠（Cabernet Franc）	法国波尔多
6. 赛美蓉（Semillon）	法国的波尔多	6. 佳美（Gamay）	法国勃艮第
7. 麝香（Muscat）	欧洲南部	7. 琼瑶浆（Gewurztraminer）	法国阿尔萨斯
8. 米勒-图高（Muller-Thurgau）	德国	8. 仙粉黛（Zinfandel）	法国和美国加州
9. 白玉霓（Ugni Blanc）	法国干邑		

活动1 认识法国葡萄酒

工作日记 葡萄酒与毒药的故事

活动场地： 酒店培训教室。

出场角色： 酒水部陈经理。

情境回顾： 酒水知识培训课。

陈经理："世界美食之最当数法国大餐，世界最著名的葡萄酒当然也是出自热爱浪漫的法国。那么葡萄酒是什么时候出现的？

"据古籍记载，7 000多年前，人类就已经饮用葡萄酒了。有一个并未考证过的传说，讲述了葡萄酒的'发明史'：有一位古波斯的国王非常喜欢吃葡萄，于是把吃不完的葡萄藏在密封的瓶中，并写上'毒药'二字，以防他人偷吃。国王日理万机，很快便忘记了此事。这时有位妃子被打入冷宫，觉得生不如死，凑巧看到'毒药'，便有轻生之念。打开后，发现里面颜色古怪的液体也很像毒药，她就喝了几口。在等死的时候，发觉不但不痛苦，反而有陶醉且飘飘欲仙之感。她将此事呈报国王，国王大为惊奇，一试之下果然可口，结果妃子再度获得宠爱。

"考古学家的发现也有力地支持了这一观点。在伊朗北部扎格罗斯山脉的一个石器时代晚期的村庄里，挖掘出的一个罐子证明，人类在7 000多年前就已饮用葡萄酒了。

"话又说回来，为什么法国人那么钟情葡萄酒？由于法国得天独厚的气候条件和严格的质量管理，使法国葡萄酒的质量一直位居世界之首。在法国，几乎每个地区都生产葡萄酒，主要以红葡萄酒为主，从普通佐餐酒到数千美元一瓶的顶级葡萄酒都一应俱全。

"好，下面我就为大家一一介绍法国葡萄酒的相关知识。"

角色任务： 以实习生小徐的身份学习葡萄酒知识。

一、法国葡萄酒的七大产区（省）

法国葡萄酒的七大产区（省）见表3-6。

表3-6 法国葡萄酒的七大产区（省）

产区（省）	位置	主要产品	描述
1. 阿尔萨斯（Alsace）	法国东部	白葡萄酒	出产的白葡萄酒风味与德国的极为相似，该区以葡萄品种命名葡萄酒

续表

产区（省）	位置	主要产品	描述
2. 波尔多（Bordeaux）	法国西部	红葡萄酒	产量占法国总产量的10%，占法国AOC葡萄酒总产量的26%
3. 勃艮第（Bourgogne）	法国东部	红葡萄酒 白葡萄酒	该区葡萄酒品种繁多、价廉物美，法国人称该区出产的葡萄酒为“法国葡萄酒之王”
4. 香槟区（Champagne）	法国北部	香槟酒	在法国香槟区出产的葡萄汽酒才能称作香槟酒，其他国家或地区的只能称作葡萄汽酒
5. 隆河谷（Cote du Rhone）	法国东南部	各式各样的葡萄酒	该区葡萄酒品种繁多，口味多样，南部生产的红葡萄酒和桃红葡萄酒堪称酒中佳酿
6. 卢瓦尔河谷（Loire Valley）	法国西北部	各式各样的葡萄酒	该区葡萄酒品种繁多，价格便宜
7. 普罗旺斯（Provence）	法国东南部	各式各样的葡萄酒	廉价桃红葡萄酒最为著名

注：勃艮第、波尔多、香槟区合称法国葡萄酒的三大代表产区。

二、法国波尔多（Bordeaux）葡萄酒

波尔多葡萄酒的体系十分庞大复杂，可分成许多品种和类别，每一种类别都以产地名称和古堡命名。

波尔多由五个著名的葡萄酒教区（市）组成（表3-7）。

表3-7　波尔多的组成

教区名	梅多克（Medoc）	圣爱美隆（St.Emilion）	格拉夫（Graves）	苏玳（Sauternes）	波美侯（Pomerol）
知名度	☆☆☆☆☆	☆☆☆☆	☆☆☆	☆☆☆☆	☆☆☆
描述	波尔多的代表教区，生产全世界最高级的葡萄酒	波尔多四大红酒名教区之一，其葡萄酒风格与梅多克极为相似	波尔多四大红酒名教区之一，是生产高级红、白葡萄酒的教区	法国著名的“贵腐甜白”葡萄酒生产地	波尔多四大红酒名教区中面积最小的一个，由许多小酒庄组成
酒标	图3-9	图3-10	图3-11	图3-12	图3-13

梅多克教区中最著名的村庄有四个（表3-8）。

表3-8　梅多克教区中最著名的村庄及所产葡萄酒

村庄名	波雅克（Pauillac）	玛歌（Margaux）	圣朱利安（St. Julien）	圣埃斯泰夫（St. Estephe）
知名度	☆☆☆☆☆	☆☆☆☆☆	☆☆☆☆	☆☆☆☆
描述	出产顶级葡萄酒	出产顶级葡萄酒	单宁重，耐储存	单宁重，耐储存
酒标	图3-14	图3-15	图3-16	图3-17

法国五大酒庄出产的葡萄酒被誉为全世界最好的葡萄酒（表3-9）。

表3-9　法国五大酒庄

酒庄名	拉图酒庄（Chateau Latour）	玛歌酒庄（Chateau Margaux）	拉菲庄园（Chateau Lafite Rothschild）	木桐酒庄（Chateau Mouton Rothschild）	侯伯王庄园（Chateau Haut Brion）
知名度	☆☆☆☆☆	☆☆☆☆☆	☆☆☆☆☆	☆☆☆☆☆	☆☆☆☆
所在教区	梅多克（Medoc）	梅多克（Medoc）	梅多克（Medoc）	梅多克（Medoc）	格拉夫（Graves）
所在村庄	波雅克（Pauillac）	玛歌（Margaux）	波雅克（Pauillac）	波雅克（Pauillac）	奥比昂（Haut Brion）
酒标	图3-18	图3-19	图3-20	图3-21	图3-22

图3-9　梅多克

图3-10　圣爱美隆

图3-11　格拉夫

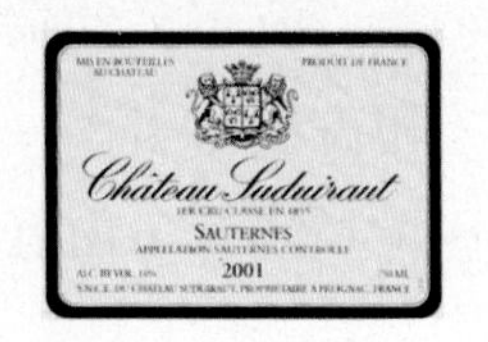

图3-12　苏玳

图3-13　波美侯

图3-14　波雅克

图3-15　玛歌

图3-16　圣朱利安

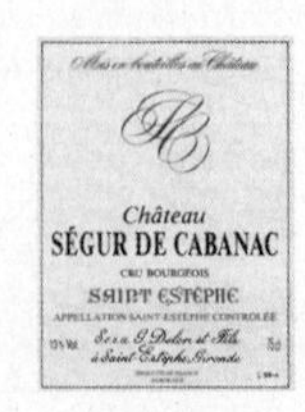

图3-17　圣埃斯泰夫

图3-18　拉图酒庄

图3-19　玛歌酒庄

图3-20　拉菲庄园

图3-21　木桐酒庄

图3-22　侯伯王庄园

三、法国勃艮第（Bourgogne）葡萄酒

勃艮第由五个著名的葡萄酒教区（市）组成（表3-10）。

表3-10 勃艮第的组成

教区名	金丘（Cote d'Or）	夏布利（Chablis）	夏隆内丘（Cote Chalonnaise）	马贡（Maconnais）	博若莱（Beaujolais）
知名度	☆☆☆☆☆	☆☆☆☆	☆☆☆	☆☆☆	☆☆☆☆☆
描述	盛产极品红葡萄酒，该教区两大佳酿分别是以村名命名的罗曼尼康帝（Romanee Conti）和热夫雷-香贝丹（Gevery Chambertin）	盛产白葡萄酒。夏布利葡萄酒色泽金黄带绿，适合佐餐生蚝，故有"生蚝葡萄酒"之美称	生产的葡萄酒是勃艮第最物美价廉的	盛产白葡萄酒，其酒质并不太突出，价格也较为便宜	勃艮第最大的葡萄酒教区，盛产用佳美酿造的红葡萄酒，产量占勃艮第的1/2，该区的产品分可储存较长时间的葡萄酒和短时间内饮用完毕的新酒两大类

四、法国葡萄酒等级划分

根据法国葡萄酒法令，法国葡萄酒可分为四种等级，由高至低等级分为：

1．AOC级

法国政府在1935年建立了葡萄酒地区管制制度——AOC制度，全称为Appellation d'Origine Controlee，是法国葡萄酒分级制中的最高等级。

AOC制度对葡萄酒生产的各个方面都有严格的规定，除了必须是指定登记的产区外，还要具备其他优越的条件，如土质、日照时间、降雨量、剪枝方式、施肥、种植密度、酿造方法、葡萄品种的选择、产量控制和酒精含量。

除了地区管制制定的一般规定外，各产区根据各地的需要还会添加不同的规定。每个AOC产区内的葡萄园必须经过委员会的认定才能成为AOC级的葡萄园，否则就只能生产其他等级较低的葡萄酒。每年酿造出的葡萄酒必须经过委员会的检验和品尝，确定符合AOC的标准后才能上市。

同一产区内的AOC之间也有差别，通常酒标上标明的产地的范围越小，酒的等级就越高。酒瓶标签标示为Appellation+产区名+Controlee。

例如，波尔多产区（省）可分为梅多克等教区（市），梅多克又分为玛歌等村庄，玛歌再细分为玛歌酒庄等。区别见表3-11。

2．V.D.Q.S级

V.D.Q.S全称为Vin Delimite De Qualite Superieure，译为"高质量的葡萄酒"（图3-27）。这一等级的葡萄酒在生产上严格遵守有关酒法的规定，从产区、葡萄品种、产量到酿造方法都有严格规定，是一些不太出名的产区晋升为AOC等级前的过渡等级，酒的数量并不多。

表3-11　AOC制度中的级别及等级标志

级别	等级标志	酒标
● 普级AOC酒	Appellation + Bordeaux + Controlee	图3-23
● 一级AOC酒	Appellation + Medoc + Controlee	图3-24
● 高级AOC酒	Appellation + Margaux + Controlee	图3-25
● 顶级AOC酒	Appellation + Margaux + Controlee，商标上若能显示出该村庄内酒庄的名称如Chateau Margaux等，则是AOC级别中的顶级酒。若商标上同时出现以下字符则说明酒质更优秀： Premier Grand Cru ——优秀葡萄园分级制中的顶级； Grand Cru Classe——优秀葡萄园分级制中的高级； Grand Cru——优秀葡萄园分级制中的中级； Grand Vin——优良酒	图3-26

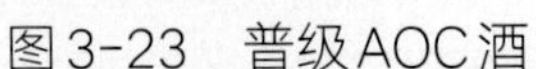
图3-23　普级AOC酒

图3-24　一级AOC酒

图3-25　高级AOC酒

图3-26　顶级AOC酒

3．Vin De Pays级

Vin De Pays译为“地区餐酒”（图3-28）。酒标上必须注明产区。这一级别所用的葡萄必须是该地区经认可的品种，葡萄酒成品必须经过严格的分析、检验，并由政府有关部门进行品评鉴定，酒质优于Vin De Table。

4．Vin De Table级

Vin De Table译为“佐餐酒”（图3-29）。在酒标上除了印有Vin De Table和France外，便没有其他产区的标识了。根据法令，这一级别的葡萄酒可以不标明葡萄种类或年份的。在葡萄的选用上，除了用法国本地的葡萄酿造外，也可以混合欧盟成员国生产的葡萄来进行酿造。Vin De Pays和Vin De Table两者不属于高级的佐餐酒。

图3-27　V.D.Q.S级

图3-28　Vin De Pays级

图3-29　Vin De Table级

知识延伸

博若莱新酒（Beaujolais Nouveau）

这是当地所酿的新酒，世界闻名。此酒每年11月份的第3个星期四开始上市销售。酒质特有的果香味会因时间而逐渐消失，因此上市后应尽快品尝，一般保质期在3个月内。

博若莱新酒的酿造方法和一般的红酒有些不同。首先将葡萄放进密封的大槽中加压并且将温度控制在约25℃，让葡萄本身做小规模的酒精发酵，然后才将葡萄压碎。这就是博若莱新酒的特征，也是其独特香味的来源。这道工艺完成后，其他步骤就和一般红酒的生产工艺大致相同。

想一想

通过酒标如何区分博若莱新酒？

酒标上标有“Beaujolais Nouveau”的是新酒，酒标上只标有“Beaujolais”的则只是该区的常规葡萄酒（图3-30、图3-31）。

图3-30　Beaujolais Nouveau

图3-31　Beaujolais

活动2　认识德国葡萄酒

工作日记　冰酒的由来

活动场地：酒店培训教室。

出场角色：酒水部陈经理。

情境回顾：酒水知识培训课上……

陈经理：“冰酒，德语叫Eiswein，英语称之为Ice wine，如果书写成Ice wine则一定是假冒的。这是因错误而诞生的大自然珍馐，在近几年有越来越多的人迷恋上冰酒，却很少有人知道冰酒的来源，甚至不知道它为什么称‘冰酒’。

“关于冰酒起源的时间有两种说法：一是说冰酒起源于1765年，二是说1794年。据考证，冰酒最早源于德国弗兰克地区。一场突如其来的早雪，让葡萄推迟了采收，庄园主原都以为当年肯定是颗粒无收了，但是因为舍不得丢弃这些葡萄，他们还是硬着头皮把结了冰的葡萄榨汁，然后酿制成酒。没想到三个月后奇迹发生了，酒窖里发出阵阵沁人心脾如蜂蜜般香甜的酒香，风味独特，芬芳异常，与一般的葡萄酒相比简直有天壤之别。弗兰克地区所有的酒庄主人品尝之后，都认为这是一个奇迹，这种用结了冰的葡萄来酿酒的方法从此传开，并由此而名扬世界。这就是冰酒的起源。

“好，下面我就为大家一一介绍德国葡萄酒的相关知识。”

角色任务：以实习生小徐的身份学习葡萄酒知识。

一、德国葡萄酒产区

德国葡萄酒的特点首先来自于特有的产地和气候条件。这里的葡萄都种植在河谷地区，全德国葡萄酒产地共分为十三个特定葡萄产区，每一个产区都有自己的特色。北部地区生产的葡萄酒一般清淡可口、果香四溢，并含新鲜果酸。而南部生产的葡萄酒则圆满充实、果味诱人，有时带有更强烈的味道而不失温和适中的酸性。最常见到的德国葡萄酒是来自摩泽尔河（Mosel）流域和莱茵河（Rhein）流域的4个主要产区：摩泽尔、莱茵高、莱茵黑森、法尔兹。

1．摩泽尔（Mosel-Saar-Ruwer）

作为莱茵河的支流，摩泽尔河也由几条支流组成，萨尔（Saar）与乌沃（Ruwer）便是摩泽尔水系的两大支流。河流相对于寒冷的北部地区是很重要的，可以在寒冷的冬季起到调节温度的作用，同时，水面的反光对于葡萄种植也十分有利。在寒冷的北部，阳光对于葡萄是很宝贵的。

摩泽尔是被世界公认的德国最好的白葡萄酒产区之一，一般简单地以Mosel称之。这里的土壤大部分以板岩为主，所有的葡萄园几乎都位于陡峭的河岸上，坡度一般在60°以上，手工操作是这里唯一可行的办法。

这一产区主要生产雷司令白葡萄酒，带有清新的花香和水果香以及爽口的酸度。摩泽尔等级最多为串选型（Auslese）或晚摘型（Spatlese），很少有甜型酒。酒瓶颜色多为绿色。

2．莱茵高（Rheingau）

莱茵高出产极高品质的白葡萄酒（图3-32）。相比摩泽尔的白葡萄酒而言，莱茵高的白葡萄酒不论是颜色、香气、口感和酒体都更重。酒瓶颜色通常为咖啡色。这里不论从气候还是土质都非常适合雷司令的生长，所以莱茵高种植的葡萄有80%是雷司令，是全德国雷司令种植比例最高的产区。

图3-32　莱茵高

3．莱茵黑森（Rheinhessen）

莱茵黑森是德国最大的葡萄酒产区，但酒质平平。该区以种植米勒-图高、西万尼为主。最具代表性的产品是半干型白葡萄酒“圣母之乳”（Liebfraumilch）。酒味清新可口，口味带甜，酒精度低，水果香味浓郁，非常受人们欢迎。

4．法尔兹（Pfalz）

Pfalz原意为“宫殿”，因古罗马皇帝奥古斯都曾在此建行宫而得名。以前此地区也被称作莱茵法尔兹（Rheinpfalz），是德国第二大葡萄酒产区，所产77%为白葡萄酒。该区以种植米勒-图高、雷司令为主。

最好的法尔兹酒来自该地区北部那些种植雷司令和米勒-图高的葡萄园。而南部则大量种植西万尼等品种，虽然产量高，但生产质量平平。

其他葡萄酒产区有：

阿尔（Ahr）——以生产红葡萄酒为主，口味较重。白葡萄酒清新香醇。

中部莱茵（Mittelrhein）——德国较小的葡萄酒产区，白葡萄酒酸度强，葡萄园建在陡坡上。

纳尔（Nahr）——位于莱茵河与摩泽尔河之间，生产各种不同风味的葡萄酒。

黑森贝格斯特拉斯（Hessische Bergstrasse）——有着悠久历史的产区，产品很少外销。

法兰肯（Franken）——大肚酒瓶的故乡，葡萄酒具有独到的香味，富有表现力。

乌尔腾堡（Wurttemberg）——红葡萄酒很清淡，很少单宁的涩味。

巴登（Baden）——被称为德国的普罗旺斯，红葡萄口感浓厚、色深，白葡萄名贵。

萨尔-乌斯图特（Saale-Unstrut）——以产白葡萄酒为主，酒度低，味浓郁，很少外销。

萨尔森（Sachsen）——以产白葡萄酒为主，酒度低，味浓郁，很少外销。

二、德国葡萄酒等级划分

1. 普通餐酒（Tafelwein）

这是最普通的级别，葡萄原汁的含糖量在2.5%以上，产品不需标明产区和葡萄品种，也不需标明葡萄园的名字，其规范要求最少。这一级酒的产量较少，不到德国葡萄酒总产量的10%，适合新鲜期饮用，贮藏期为2 ~ 3年。

2. 地区餐酒（Landwein）

这是普通餐酒系列中最高级别的酒，糖分较高，酒体比普通餐酒饱满，口味以干或半干为主，贮藏期一般在3年左右，产量约占德国总产量的10%。在地区餐酒的酒标上，必须标明酿酒葡萄的法定产区。

3. 正级葡萄酒（Qualitatswein besti mmter Anbaugebiete，简称QbA）（图3-33）

这一级别的葡萄原汁含糖量在7.5%以上，是德国葡萄酒中最大的一类。必须完全采用来自德国指定的13个法定产区的葡萄酿造，其产量约占德国葡萄酒总产量的50%。QbA在生产上较为严格，而且要接受政府机构的检测，检测合格后发给检测号码。

图3-33 QbA级

4. 特级葡萄酒（极品）（Qualitatswein mit Pradikat，简称QmP）

这一级别的葡萄原汁含糖量在9.5%以上，占德国总产量的30%，是德国最高级、出口量最大的葡萄酒。QmP质量管理严格，不仅对产区和葡萄品种有严格的规定，而且对采摘时间、方法、产量及生产条件都有严格限制。这一级葡萄酒，是不允许额外加入糖分的，所以，只能在某些特别好的收成年份，待葡萄熟透，才可以生产。

这一级葡萄酒依照葡萄的成熟度和生产方式又分为6个等级（表3-12）。

表3-12　QmP的等级划分

等级	描述	酒标
珍酿型（Kabinett）	用完全成熟的葡萄酿造，口味清淡、中甜，酒精含量低。这是QmP最低的一级，与“正级葡萄酒”相比，除了糖分含量标准提高外，不允许加糖	图3-34
晚摘型（Spätlese）	比法定成熟期较迟采摘的葡萄（通常晚1～2周）酿造的酒，酒质较为丰厚和香甜	图3-35
串选型（Auslese）	利用选串方法采收整串全熟的葡萄酿造出的高级葡萄酒，酒味更加浓郁香甜，人称贵族酒	图3-36
粒选型（Beerenauslese）	利用选粒的方法采收熟透且部分附着贵腐菌的葡萄所酿造的葡萄酒，产量较少。其色泽金黄，口味香甜，带有特殊的芳香，可以长期贮藏	/
干粒型（Trockenbeerenauslese）	以像葡萄干一样收缩、受到贵腐菌感染的葡萄酿造的酒，它是德国葡萄酒业的杰出贡献，成品有如蜂蜜般香甜，经得起长时间的陈酿	/
冰酒（Eiswein）	葡萄在-7℃的冰冻状态下采摘、榨汁，其目的是为了将浓缩的果汁部分全部榨出。酒质独一无二，拥有极佳的天然酸甜风味	/

图3-34　Kabinett级

图3-35　Spätlese级

图3-36　Auslese级

知识延伸

一、关于德国葡萄酒

德国不仅啤酒举世闻名，葡萄酒也在世界酒坛占有相当地位。葡萄酒年产量约一亿升，以生产并出口白葡萄酒为主，白葡萄酒约占德国总产量的87%，口味从半甜型的白酒到浓厚圆润的贵腐甜酒都有。另外，还有制法独特的冰酒。由于日照时间短，气候寒冷，红葡萄酒的质量一般。

德国的葡萄酒产区分布在纬度47°～52°的地区，是全世界葡萄酒产区的最北限，虽然种植环境不佳，但凭着当地特有的酿造技术，也酿造出媲美法国的顶级葡萄酒，成为寒冷地区葡萄酒的典范。

德国葡萄酒有两大特色：一是由于气候寒冷，为了让葡萄充分成熟，一般采收时间较晚，以此酿成的葡萄酒具有一种新鲜活泼的酸味，有时还进行补糖工作；二是所采收的葡萄通常保留十分之一不予发酵，直接做成葡萄汁存放在高压槽内，待装瓶时再掺入这些汁液，如此做出来的葡萄酒带有一股优雅的果香味，而且酒精浓度通常不高，极适合初尝葡萄酒的人饮用。

在德国主要酿酒的葡萄都属于耐寒的品种，常见的有三种：雷司令、西万尼和米勒-图高。

二、什么是贵腐葡萄酒

贵腐葡萄酒诞生于17世纪匈牙利的托卡伊（Tokaji）。当时因为太晚收成，葡萄遭贵腐菌附着，变成像葡萄干一样。几乎被抛弃的葡萄意外地制造出前所未有的甜葡萄酒，当时被称为“帝王葡萄酒”。后来在18世纪德国的莱茵及19世纪法国的苏玳地区，也相继酿造出贵腐葡萄酒。

较容易被贵腐菌感染的葡萄主要有以下一些品种：雷司令、长相思、白诗南、赛美蓉、琼瑶浆。

如果秋天的气候足够温暖和潮湿，留在树上的葡萄就可能会被一种叫贵腐菌的真菌感染（图3-37）。这种贵腐菌附在成熟的葡萄上，造成葡萄水分过分蒸发，干瘪的贵腐葡萄含有很浓的糖分和特殊的香味，在慢慢发酵之后，就成为又甜又香的贵腐葡萄酒。

图3-37　贵腐葡萄

想一想

为什么贵腐葡萄酒会特别珍贵？

贵腐葡萄酒特别珍贵的原因，在于它很难酿成。贵腐菌并非每年都会附着在葡萄上，而且贵腐菌要正好在葡萄成熟时附着，将来才可能制成贵腐葡萄酒。万一附在未成熟的葡萄上或恰巧遇到多雨天气，很容易使葡萄腐烂掉而颗粒无收。基于以上原因，贵腐葡萄酒就显得特别珍贵了。

活动3　认识意大利葡萄酒

工作日记　出口量保持世界领先的意大利葡萄酒

活动场地：酒店培训教室。

出场角色：酒水部陈经理。

情境回顾：酒水知识培训课上……

陈经理："自古以来，意大利就是葡萄酒产地。随着罗马帝国政治势力的扩张，意大利葡萄酒也被推广到整个欧洲，所以意大利对欧洲葡萄酒很有贡献。

"从产量来看，每年意大利和法国竞争世界之冠；而在出口量方面，意大利则保持世界前三。原因是意大利的地形看似南北伸展的长靴，几乎所有地区都生产葡萄酒。南北狭长的地形导致气候差异大，因此生产的葡萄酒种类繁多、风味各异。意大利除了生产静态葡萄酒外，汽酒、强化葡萄酒、餐前酒、利口酒等都一应俱全。

"意大利葡萄酒的价格合理也是其魅力之一。比起法国同级酒，意大利葡萄酒确实便宜许多。好，下面我就为大家一一介绍意大利葡萄酒的相关知识。"

角色任务：以实习生小徐的身份学习葡萄酒知识。

意大利葡萄酒等级划分

沿袭法国以原产地控制命名葡萄酒的做法，意大利在1963年把葡萄酒按质量分成四类，从低到高排列见表3-13。

表3-13　意大利葡萄酒等级划分

等级	描述	酒标
Vino da Tavola	简称"VDT"，即佐餐葡萄酒，泛指最普通品质的葡萄酒，对葡萄的产地、酿造方式等规定不很严格	图3-38
Indicazione Geografica Tipica	简称"IGT"，即产区葡萄酒，是意大利产量较大的葡萄酒。它与法国的Vin de Pays葡萄酒相同。规定这种葡萄酒应产于特定产区和选用特定的葡萄，并把这一情况在商标上注明	图3-39
Denominazione di Origine Controllata	简称"DOC"，即"控制来源命名的葡萄酒"。DOC葡萄酒的生产得到确认后，葡萄种植者必须按DOC酒法进行生产，向当地农业部门申报葡萄每公顷[①]产量和总产量，如果这一数量超过了DOC酒法规定的最大允许量，此葡萄不能生产DOC酒，只能作为一般葡萄酒和蒸馏酒。在指定的地区，使用指定的葡萄品种，按指定方法酿造	图3-40

① 100公顷 = 1 km^2。

续表

等级	描述	酒标
Denominazione di Origine Controllata e Garantita	简称“DOCG”，即“保证及控制来源命名的高级葡萄酒”，这是对DOC酒的补充，以保证优质的DOC葡萄酒的可靠性。它要求在指定区域内的生产者自愿地使其生产的葡萄酒接受更严格的管理标准。已批准为DOCG的葡萄酒，在瓶子上将带有政府的质量印记。“保证及控制来源命名的高级葡萄酒”是意大利葡萄酒的最高级别，无论在葡萄品种、采摘、酿造、陈年的时间方式等方面都有严格管制最高级别DOCG葡萄酒有极佳的质量。比较著名的品牌有：BAROLO、BARBARESCO、SOAVE	图3-41

图3-38　VDT级

图3-39　IGT级

图3-40　DOC级

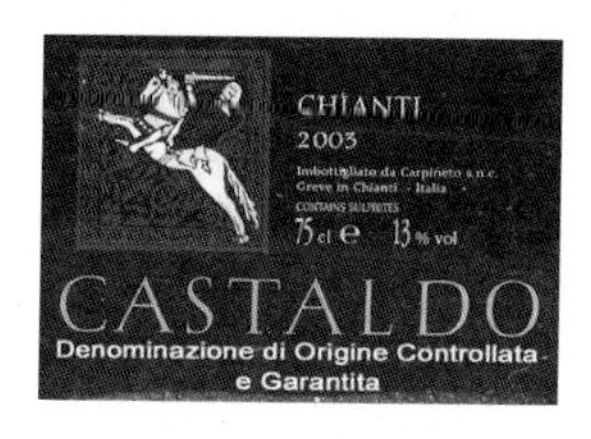

图3-41　DOCG级

知识延伸

影响葡萄酒质量的主要因素

（1）气候；

（2）土壤；

（3）葡萄品种；

（4）技术。

想一想

葡萄酒酒标上的年份代表着什么？

葡萄酒酒标上的年份指葡萄采摘和酿造的年份，它与装瓶的年份无关。年份的好坏与当年葡萄收割前雨水的多少有关，雨水过多则葡萄酒酿出来偏淡。例如，在1991年和1992年，波尔多地区曾阴雨连绵，致使葡萄中的单宁和含糖量降低，成酒质量也随之下降。年份好坏还取决于冬春季的气候和日照的长短等。

同一年份对不同地区所产的葡萄酒，质量可能会有很大的差异。例如，1997年是被公认的葡萄大年，但波尔多产区中最为著名的教区梅多克和格拉夫却因为收获前的一场大雨而使其酒质差于波尔多产区中的另外两个教区波美侯和圣爱美隆。因此，根据葡萄酒所属的地区来查阅年份表能更准确地判断是否属好年份（表3-14）。

表3-14中，分值越高表示年份越好。

表3-14　1983—1997年不同产区的葡萄酒等级评分

产区	1983	1984	1985	1986	1987	1988	1989	1990	1991	1992	1993	1994	1995	1996	1997
法国香槟	8	7	9	6	4	8	9	10	6	7	6	5	8	9	8
法国波尔多	10	7	8	8	5	8	9	10	5	4	6	7	9	9	6
法国苏玳	7	8	7	8	5	10	8	10	4	4	7	6	9	10	9
法国勃艮第	5	7	9	7	7	8	9	10	8	6	9	7	9	9	7
法国夏布利	6	7	7	7	5	7	8	10	5	8	6	6	9	10	8
法国隆河谷	8	9	9	8	5	8	9	10	7	6	5	7	9	8	7
法国卢瓦尔河谷	7	7	8	8	6	8	9	10	4	5	7	6	9	8	9
法国阿尔萨斯	5	9	8	7	5	8	10	10	5	7	8	6	9	8	9
澳大利亚	9	6	8	9	8	7	6	8	8	7	6	7	9	9	7
德国	4	8	8	7	5	8	9	10	7	8	7	8	8	7	10
意大利	8	7	9	8	7	9	7	10	6	6	7	7	8	8	10
新西兰	6	9	8	7	6	7	9	7	8	7	6	8	7	9	7
葡萄牙	10	9	8	6	5	8	7	7	7	5	4	7	8	6	6
南非	7	5	7	7	7	8	7	6	8	9	8	7	9	7	8
西班牙	10	7	8	6	9	6	7	8	8	7	6	9	8	9	6
美国	7	7	9	7	8	8	7	8	9	8	7	8	8	7	10

活动4　向客人介绍葡萄酒

工作日记　侍酒师应有的素质

活动场地：酒店培训教室。

出场角色：实习生小徐（我）、酒水部陈经理。

情境回顾：酒水知识培训课上。

陈经理："知道什么是侍酒师吗？"

小徐（我）："向客人推荐葡萄酒，并为客人进行服务的人。"

陈经理："侍酒师的工作并非只是单纯地接受客人点酒，从葡萄酒的申购到酒库的管理等都是侍酒师的主要工作，他们拥有丰富的葡萄酒知识和菜肴知识。"

小徐（我）："要成为侍酒师要具备怎样的素质？"

陈经理："态度，这包括了如何服务客人、如何与客人交流、如何与同事共事、对工作的敬业程度、对自身的要求和如何提高自己等多方面的内容。就像米卢说的那样，态度决定一切。除了侍酒师本身需要掌握的葡萄酒知识外，我认为最重要的素质是让每一位客人都能在侍酒师的服务过程中了解葡萄酒，懂得享受葡萄酒带来的乐趣。

"好，下面我就为大家一一介绍葡萄酒服务的相关知识。"

角色任务：以实习生小徐的身份学习葡萄酒服务知识。

一、在吧台上向客人介绍葡萄酒服务程序

1. 欢迎客人

酒吧调酒师应该在客人抵达1分钟内问候他们。

例句：

"晚上好，先生，欢迎光临大堂酒吧，我叫小徐，很乐意为您服务，这里是酒水单，请您选用，稍后给您点酒水，谢谢！"

2. 为客人点单时（前）介绍葡萄酒

简单、明确、礼貌地介绍酒吧现有的葡萄酒。举止大方，热情耐心。

例句：

（1）"您好，先生，您需要些饮料吗？"

（2）"先生，不妨选用我们酒店的专用（特选）葡萄酒，它可以零杯销售。"

（3）"先生，法国葡萄酒我们有波尔多、勃艮第、阿尔萨斯，它们都达到AOC等级，您更喜欢哪一种？"

（4）“先生，您选用的这瓶葡萄酒需要一些时间醒酒，大约30分钟，您不介意多等一会儿？”

二、介绍葡萄酒时应注意事项

（1）只向客人提供参考意见，不可强行推销；

（2）熟悉各类葡萄酒的品牌、等级、价格和容量。

知识延伸

在吧台上向客人呈送葡萄酒单的服务程序

（1）酒单只呈送给主人点选或主人指定的客人；

（2）将葡萄酒单呈给客人（主人）前可先将酒单打开至第一页，以右手拿着酒单上端，左手托着酒单下端，从客人正面方向双手呈上酒单；

（3）选择葡萄酒需要一些时间，调酒师可短暂离开，但需时刻留意客人的意向或手势，等待点酒；

（4）接受点酒。

想一想

酒单的外观要求如何？

提供给客人的酒单应是干净的、无损坏的。酒单直接代表着酒店或酒吧的形象，也反映出其领导者的管理能力。

活动5　红葡萄酒出品服务

工作日记　冰山一角

活动场地：酒店大堂酒吧。

出场角色：实习生小徐（我）、领班小李。

情境回顾：工作中的一段对话。

小徐（我）：“小李，你最喜欢什么葡萄酒？”

小李：“葡萄酒的魅力之一就是它的多样性。如果不考虑价钱，我还是最欣赏法国葡萄酒。如果通过葡萄品种来选择，白葡萄酒我喜欢长相思，红葡萄酒我喜欢黑比诺。通常我会在休息的时候，一边欣赏一边品尝葡萄酒来放松自己。”

小徐（我）：“你可真会享受！小李，你对葡萄酒了解得真多！”

小李：“小徐，要知道这些知识只是葡萄酒知识中的冰山一角，因为侍酒师这个职业在我国才刚起步，国内侍酒师的教育和环境都很有限，因此我们要更谦虚，要不断地学习，不断地充实自己。国内这几年的变化也很大，人们开始注重美食与美酒的搭配，特别是奥运会之后，许多高档餐厅都有了侍酒师，但大多是聘请国外的。不过，我相信用不了多久，国内就会涌现出一批年轻有为的侍酒师，就像小徐你一样，努力吧！”

角色任务：以实习生小徐的身份，学习红葡萄酒的出品服务。

红葡萄酒出品服务程序

（1）客人点酒后，侍酒师开始准备酒水；在酒篮中铺上一块洁净的席巾；擦净瓶身后商标朝上斜放入酒篮中［图3-42（a）］；

（2）把酒水摆放在酒车上，准备一条叠成条状的席巾；把酒车推到客人桌旁；让客人确认酒水后，准备开酒服务［图3-42（b）］；

（3）打开酒刀，左手扶瓶颈，右手用酒刀绕瓶口处的锡纸旋转切割两次共360° ［图3-42（c）］；

（4）右手手指与刀刃夹起已被割断的锡纸放到一边，收起酒刀并用席巾擦拭瓶口处的橡木塞［图3-42（d）］；

（5）打开酒钻，对准木塞中心位置，右手把酒钻钻入木塞中，钻至酒钻的最后一格［图3-42（e）］；

（6）打开杠杆并卡在瓶口处，左手抓紧杠杆和瓶口，右手用力提起酒钻，拔出约4/5的木塞［图3-42（f）］；

（7）右手捏住木塞轻轻摇出［图3-42（g）］；

（8）双手扭出酒钻中的木塞，检验木塞气味，然后摆在主人的位置上，用席巾再次擦拭瓶口［图3-42（h）］；

（9）右手提起酒篮，然后进行斟酒服务［图3-42（i）］。

想一想

葡萄酒瓶中的沉淀物是什么东西？

葡萄酒出现沉淀的情形有两种：一种是葡萄酒经陈化后自然产生的沉淀物。例如，某些名贵葡萄酒大概七八年后会开始出现；不能陈化过长时间的浅龄葡萄酒也会在一两年后出现沉淀。另一种是葡萄酒结晶石（Wine Crystals），主要构成物质是酒石酸（Tartaric Acid）。葡萄酒结晶石的形状没有一定规律，带点黏性，通常附着在瓶底、瓶肩，或者出现在软木塞的底端。这些沉淀物并不会影响葡萄酒的口感，对人体健康无任何损害，可以放心饮用。

白葡萄酒结晶石的外观看起来如白砂糖般，而红葡萄酒结晶石则呈现出紫红色。

形成结晶石的主要原因是酒瓶存放在特别冷的环境当中时间过长，例如置放在温度特别低的冰箱里。

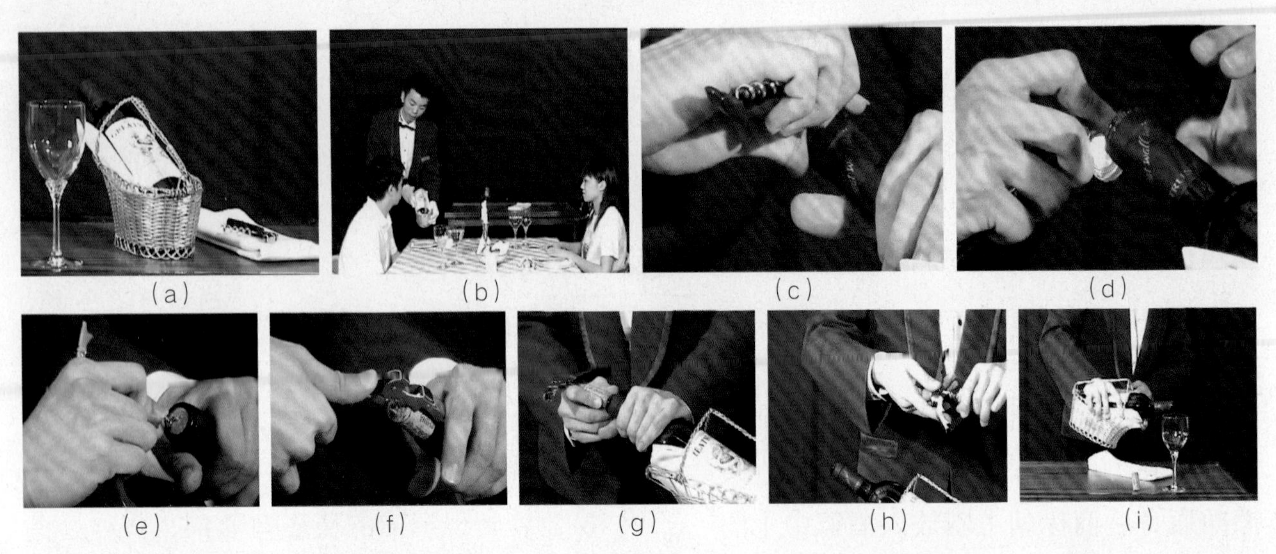
图3-42　红葡萄酒出品服务程序

知识延伸

一、斟酒服务

葡萄酒的饮用温度各有不同，通常斟酒入杯量以载杯容量大小而定。一般原则是红酒装杯量要比白酒少。如果葡萄酒杯容量是6 ~ 8 oz，则可按以下标准斟酒：

斟酒时，白葡萄、香槟（香槟杯）倒2/3杯。

红葡萄酒、玫瑰红酒倒1/2杯，留有一定的空间，让酒挥发出来的气味与空气充分调和，使人们可以先欣赏酒香，用嗅觉去分辨酒的品种和质量。

二、关于葡萄酒的饮用时间与保鲜

喝葡萄酒时，常见的棘手问题是无法一次饮用完毕，这时候该如何处置这些剩余的葡萄酒呢？葡萄酒在开瓶后与新鲜的蔬果、肉类食物一样在正常的环境下质量逐渐下降，白酒应在开瓶后3小时饮用完毕，而红酒则应在8小时内，否则味道变酸，香气尽失。

如果实在有喝不完的酒，最好作如下处理：把软木塞塞回瓶口，放进恒温酒柜。放置时应让瓶身直立，以减少酒液与空气的接触面。如用抽真空瓶塞取代原有的软木塞，葡萄酒的风味还可勉强保存两三天。

活动6　白葡萄酒出品服务

工作日记　黑比诺搭配片皮鸭

活动场地：酒店大堂酒吧。

出场角色：实习生小徐（我）、领班小李。

情境回顾：工作中的一段对话。

小徐（我）："在葡萄酒的服务中你还遇到过些什么有趣的事？"

小李："去年，我还在酒店扒房工作的时候，有一天，一位美国游客点了一只片皮鸭和一瓶Australian Shiraz，并向我咨询这样的搭配如何。Australian Shiraz单宁含量适中，酒度高，有很明显的黑胡椒气味，如果搭配片皮鸭，红酒香味则会大于鸭的香味。于是我建议客人改选黑比诺来搭配，因为黑比诺单宁低，酒精中等，有明显的樱桃和浆果的香味，和片皮鸭是最佳搭配。最后，客人听取了我的建议，决定要尝试一下，试后对我大加赞赏。"

角色任务：以实习生小徐的身份，学习白葡萄酒的出品服务。

白葡萄酒出品服务程序

（1）客人点酒后，侍酒师开始准备酒水。首先在冰桶中放入1/3桶的冰块和1/2桶的水。把白葡萄酒商标向上斜放入冰桶中，冰桶上横放上一条叠成条状的席巾，然后把冰桶放到餐桌旁不影响正常服务的位置上［图3-43（a）］；

（2）右手把白葡萄酒从冰桶中取出，左手拿起叠成长方形的席巾托起瓶底请主人确认酒水，确认后将白酒重新放入冰桶中［图3-43（b）］；

（3）打开酒刀，左手扶瓶颈，右手用酒刀绕瓶口处的锡纸旋转切割两次共360°［图3-43（c）］；

（4）右手手指与刀刃夹起已被割断的锡纸放到一边，收起酒刀，用席巾擦拭瓶口处的橡木塞［图3-43（d）］；

（5）打开酒钻，对准木塞中心位置，右手把酒钻钻入木塞中，钻至酒钻的最后一格［图3-43（e）］；

（6）打开杠杆并卡在瓶口处，左手抓紧杠杆和瓶口，右手用力提起酒钻，拔出约4/5

想一想

为什么有个别葡萄酒瓶的底部会有凹位？

（1）瓶底凹入或平底的设计均不会影响酒质，但瓶底凹入通常会暗示这瓶酒可以被长时间陈放，更利于沉淀；

（2）瓶底凹入的设计可使瓶子耐压性更高，汽酒大多会使用这种设计的瓶子盛装；

（3）有个别地方的葡萄酒服务，侍酒师将拇指插入瓶底凹处，将整瓶酒举起进行倒酒服务。

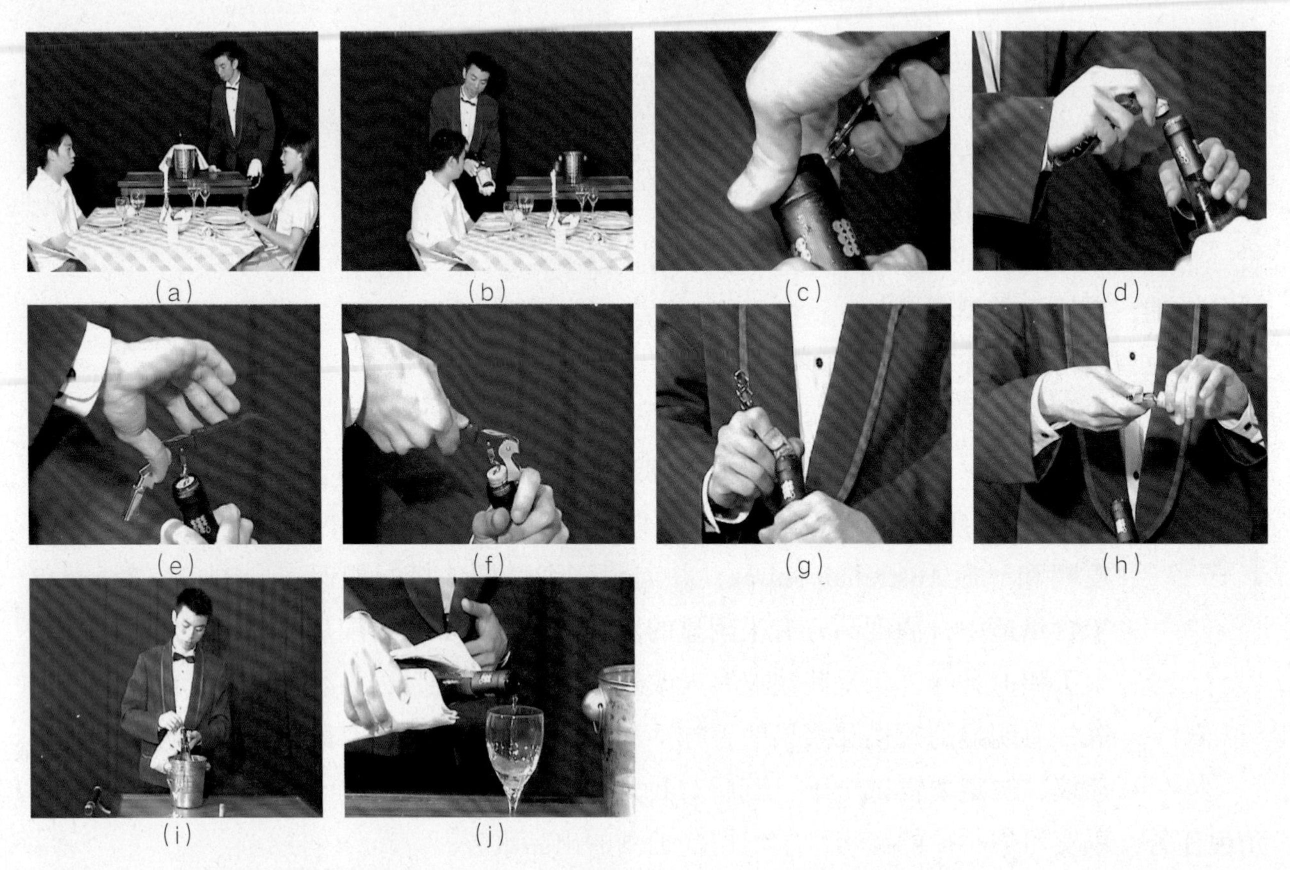

图3-43　白葡萄酒出品服务程序

的木塞［图3-43（f）］；

（7）右手捏住木塞轻轻摇出［图3-43（g）］；

（8）双手扭出酒钻中的木塞，检验木塞气味，然后放到主人的位置上［图3-43（h）］；

（9）用席巾擦拭瓶口［图3-43（i）］；

（10）用席巾上下包裹酒瓶，然后进行斟酒服务［图3-43（j）］。

知识延伸

葡萄酒的饮用温度

温度对于饮用葡萄酒非常重要，各种葡萄酒只有在最适宜的温度下饮用才会使味道淋漓尽致地挥发出来。下列是几种葡萄酒的饮用温度：

白葡萄酒——10 ~ 12℃，需冷却后饮用；

红葡萄酒——16 ~ 18℃（酒库的温度）；

玫瑰红葡萄酒——12 ~ 14℃，稍微冷却后饮用；

香槟和汽酒——需冷却到较低的温度饮用，一般在4 ~ 8℃，并且在2小时内保持不动（开瓶时避免瓶塞自动弹出），才适宜开瓶。在喜庆宴会里让瓶塞弹出的饮法只是为了制造气氛，不利于品尝酒的味道。

活动 7　汽酒出品服务

工作日记　从失误中学习

活动场地：酒店大堂酒吧。

出场角色：实习生小徐（我）、领班小李。

情境回顾：工作中的一段对话。

小徐（我）："在葡萄酒服务中你遇到的最尴尬的事情是什么？"

小李："在扒房的某个晚餐时间段，来了 11 位外国客人，他们首先点了一瓶香槟作为餐前酒饮用，其实我知道他们好像有什么事情要庆祝，所以先点香槟来渲染气氛。为客人侍酒时，我按照操作程序把香槟打开并依次倒进 11 只香槟杯里。"

小徐（我）："那到底发生了什么事情？"

小李："当我想把香槟倒进最后一只杯子的时候，发现酒已倒完了。"

小徐（我）："哇！这样的事情不可能发生在你的身上，最后如何？"

小李："解决的方法只有两种：第一，让客人再买一瓶；第二，从前面 10 只杯子里各分一些来。不过，客人们最后还是自己动手分出最后一杯。"

小徐（我）："这件事情问题出在哪里？"

小李："我没有严格按照操作程序进行服务，服务中不可单凭经验一次把酒倒完，应分 2 ～ 3 轮平均分倒进杯里。"

角色任务：以实习生小徐的身份，学习汽酒的出品服务。

汽酒出品服务程序

（1）在冰桶中放入 1/3 桶的冰块和 1/2 桶的水；把汽酒斜放入冰桶中，再把冰桶放到餐桌旁不影响正常服务的位置上 [图 3-44（a）]；

（2）右手把汽酒从冰桶中取出，左手拿起叠成长条形的席巾托起酒瓶请主人确认酒水，确认后将汽酒重新放入冰桶中 [图 3-44（b）]；

（3）打开酒刀把瓶口处的锡纸割开去除，收起酒刀 [图 3-44（c）]；

（4）右手把汽酒从冰桶中取出，左手拿起叠成长条形的席巾在商标的左右两侧绕过瓶底从上往下包裹汽酒 [图 3-44（d）]；

（5）左手握住瓶颈，瓶底靠在左侧身上，右手拧松瓶盖上的铁丝后将瓶盖取下［图3-44（e）］；

（6）右手握住瓶塞，轻轻地转动，拔出木塞［图3-44（f）］；

（7）闻木塞的气味，检验汽酒的质量，把木塞放到主人位置上［图3-44（g）］；

（8）右手握着瓶身中下部，将酒水慢慢倒入杯中。斟酒时，酒瓶的商标应朝向客人［图3-44（h）］；

（9）斟酒完成后把酒瓶放回到冰桶中，继续冰冻［图3-44（i）］。

想一想

葡萄酒服务有哪些注意事项？

（1）一定要用右手拿瓶给客人斟酒，拿瓶时手要握住酒瓶下部，不要捏住瓶颈；

（2）斟酒时，每杯斟好后都要转动酒瓶，让挂在瓶口的酒液全部落入杯中；

（3）给客人添酒时要先征询客人意见；

（4）按标准斟酒，不可斟得太满。

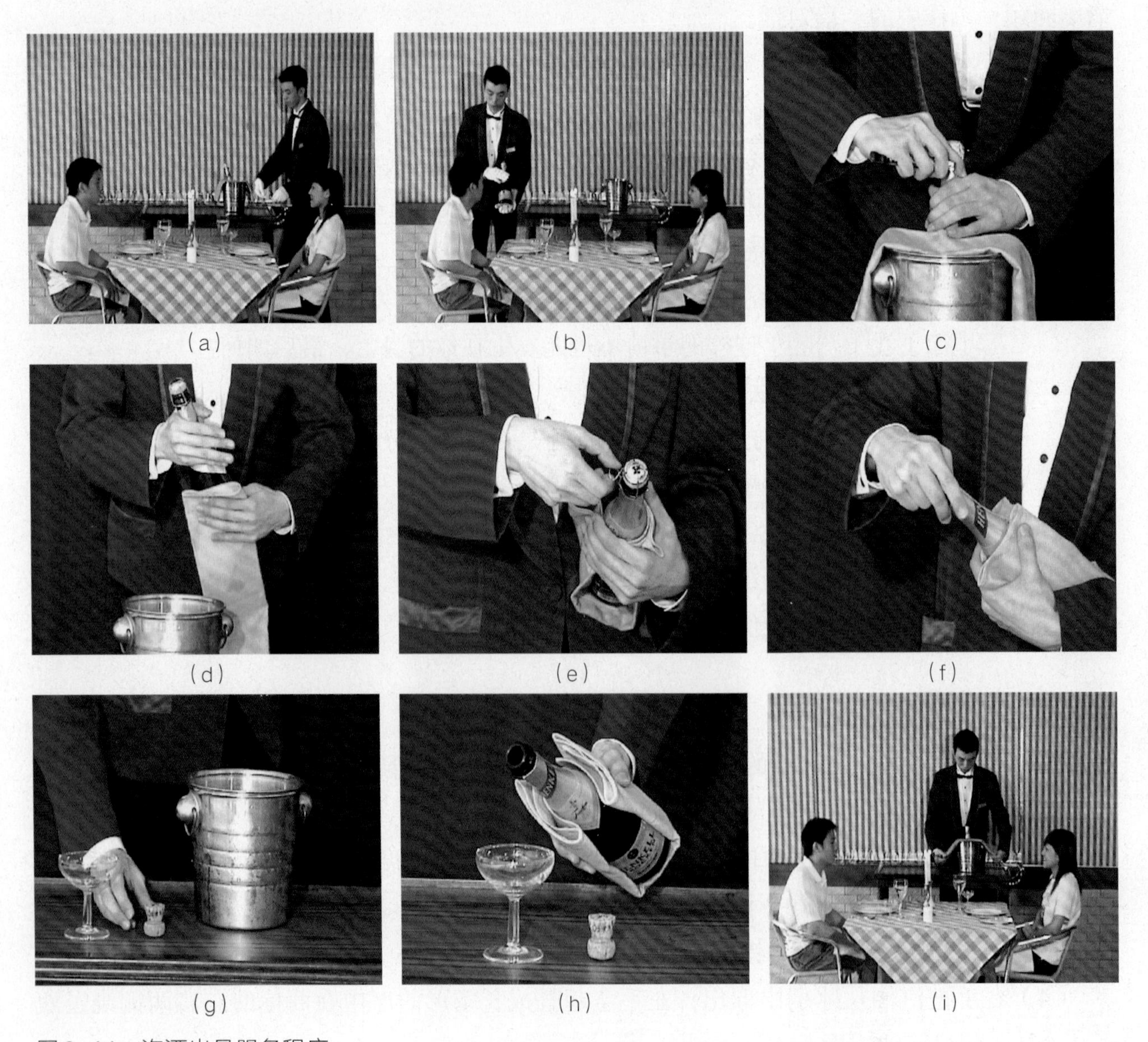

（a）（b）（c）（d）（e）（f）（g）（h）（i）

图3-44　汽酒出品服务程序

知识延伸

一、香槟的由来

据说发明香槟酒（Champagne）的人是奥维莱修道院（Hautviller）的酒窖主管唐·培里依（Dom perignon）。17世纪时，他将未完全发酵的葡萄酒装瓶存放，结果葡萄酒在瓶内产生二次发酵，变成了气泡葡萄酒。以他命名的唐·培里依香槟王（Dom perignon）酒是香槟中的顶级品。

二、香槟的酿造

酿造香槟指定的葡萄品种有黑比诺、莫尼耶比诺（Pinot Meunier）和霞多丽三种。香槟的种类很多，一般来说都是用以上三种葡萄混合酿造的，但也有用单一葡萄酿造的，如只用霞多丽酿造的，酒标上会标有“Blanc De Blancs”字样（图3-45）。

在酿造香槟时，首先采用不同品种的葡萄分别酿成白葡萄酒，然后再混合其他葡萄酒。为了保持品质一致，大多会采用不同年份的葡萄酒。混合调配的技术决定了香槟的风味。调配好的酒液加入糖和酵母后，开始进行1年以上的瓶中二次发酵，在这一过程中，发酵产生的二氧化碳会缓慢地溶解到酒液中，时间越长，酒的香气越丰富，口感越圆润。然后经过摇瓶沉积渣滓和去酒渣，有些香槟还要添加糖分，最后换瓶塞即完成了香槟酒的生产。

图3-45　Blanc De Blancs酒标

若采用80%以上好年份的白葡萄酒参与混合香槟，写上该年份，便可称为年份香槟（Vintage Champagne）（图3-46），价格是一般普通香槟的四五倍。香槟区也出产少量玫瑰香槟（Rose Champagne），它是由白葡萄酒混合红葡萄酒酿制而成的，价格昂贵。

香槟按照含糖量可以分为五种。

干性的香槟有三种：

Brut——含糖量12 g/L以下；

Extra Dry——含糖量12 ～ 17 g/L；

Sec——含糖量17 ～ 32 g/L。

甜性的香槟有两种：

Demi Sec——含糖量32 ～ 50 g/L；

Doux——含糖量50 g/L。

图3-46　年份香槟

香槟是由酒商收购不同等级葡萄园的葡萄混合酿制而成，最著名的葡萄园有Ay、Buzy和Camant等。上市销售的香槟都是由酒商的名称或商标品牌命名的，如Taitinger、Moet Chandon。

活动8 强化葡萄酒出品服务

工作日记 雪茄与红酒屋

活动场地：酒店大堂酒吧。

出场角色：实习生小徐（我）、领班小李。

情境回顾：工作中的一段对话。

小徐（我）："听说高级酒吧都配备有各式各样的雪茄销售，为什么在我们大堂酒吧里没有呢？"

小李："是的，我们大堂酒吧没有，不过在酒店的红酒屋就有配备各式各样的雪茄。"

小徐（我）："是我们酒水部的红酒屋吗？"

小李："对，那儿排气系统一流，一部分客人可以在里面抽雪茄，另一部分客人则可以细细品尝葡萄酒，互不干扰。"

小徐（我）："噢！我明白了。在大堂酒吧里不设雪茄销售，目的是为了保证大堂的空气清新。那别的酒店也是这样设计的吗？"

小李："不一定，主要由排气系统来决定。如果我们大堂酒吧也销售雪茄，在装修前必须把排气系统的铺设做在前面。"

角色任务：以实习生小徐的身份，学习强化葡萄酒在吧台上的出品服务。

在吧台上零杯强化葡萄酒出品服务程序

当客人点强化葡萄酒后，按以下程序为客人提供零杯服务：

（1）把杯垫摆放在靠近客人右手的吧台上，杯垫图案朝向客人；

（2）选择雪利酒杯（或4 ~ 5 oz的小号葡萄酒杯）并放在杯垫上；

不同的强化葡萄酒其饮用温度也有差异，如作为餐前酒的强化葡萄酒，需冷冻后饮用；如作为餐后酒，可常温饮用；

（3）把酒标朝向客人展示整瓶强化葡萄酒，向客人确认品牌；

（4）为客人提供倒酒服务（一份的标准量为56 mL，即2 oz）；

（5）配送小食（花生、青豆仁等）；

（6）请客人慢慢品尝；

（7）把剩余的强化葡萄酒盖上软木塞放回工作台上或冰箱中；

（8）当客人杯中强化葡萄酒剩余不多时及时询问是否续杯；

（9）及时撤下空杯子并清理吧台。

知识延伸

关于强化葡萄酒

强化葡萄酒又称为甜食酒。甜食是西餐的最后一道配菜，而甜食酒就是在用完正餐吃甜点时饮用的一种酒品。通常以葡萄酒作为酒基，加入食用酒精或白兰地以增加其酒精含量，并保护酒中糖分不再发酵，因此又称为强化葡萄酒。不同产地对甜食酒的叫法也有区别，如西班牙生产的称之雪利酒，葡萄牙生产的称之波特酒，葡萄牙玛德拉岛生产的称之玛德拉酒，西班牙马拉加省生产的称之马拉加酒，意大利玛萨拉市生产的称之玛萨拉酒。每个地区的甜食酒在生产工艺流程上都拥有各自的特色，最著名的是雪利酒和波特酒。

1. 雪利酒（Sherry）

雪利酒是西班牙产的强化葡萄酒。按制造方法分为淡色的菲奴（Fino）和浓色的欧罗素（Oloroso）两种。

生产雪利酒，先把葡萄制成干性葡萄酒，装入桶中至七八分满，让酒液在桶中酝酿，葡萄酒的表面会生出一层白膜（图3-47）。如制造菲奴雪利酒，则添加15%Vol.以下的酒精，使白膜得以继续繁殖；如果制造欧罗素，则要添加16%Vol.以上的酒精，使白膜中止繁殖，且酒液的颜色得以加深。雪利酒的陈化有一种独特的“索乐拉方式”（Solera System）（图3-48）。

图3-47　雪利酒液面的白膜

在陈化过程中，将酒桶叠成数层，每年从最下面那一层的酒中每桶取出三分之一去销售，然后用最下面第二层的酒注满最底层的桶，第三层的又注满第二层的桶，以此类推，新鲜的酒液补充到最上一层的酒桶中。

著名的品牌有：沙克（Sack）（图3-49）和布里斯特（Bristol）（图3-50）。

2. 波特酒（Port）

波特酒产于葡萄牙北部的杜罗河流域，用葡萄酒和白兰地勾兑而成，多为红色强化甜型葡萄酒，也有少量干白波特酒。波特酒酒味浓郁芬芳，醇香和果香兼有，在世界上享有很高的声誉。在葡萄牙杜罗河谷区域的葡萄园生长有30多种葡萄，但真正用于波特酒酿制的只有5种。多年来，波特酒的生产都没有很大改变，到现在还是一个极其艰苦的劳动，并保留着最原始的酿造方式。为了从葡萄皮中获得充足风味和单宁，最好的办法就是，把采收后的葡萄皮倒入被称为“拉加”的矮石槽里，然后人们赤脚把葡萄踩碎成浆。当葡萄发酵到中途时，就将“拉加”内的葡萄汁排出来，加入纯净的白兰地，通常是四份酒兑一份白兰地，白兰地的酒精会把酵母杀死，从而终止发酵，结果是波特酒比普通葡萄酒口味更强劲，酒度大概有19%，而大量未发酵的糖分则保留了一份甜蜜。

只有在葡萄牙杜罗河流域生产并经波特港口运出的强化葡萄酒才能称为波特酒。波特酒也以陈化时间长为佳，通常在酒标上标有陈化年份。

著名的品牌有：山大文（Sandeman）（图3-51）和泰勒（Taylor's）（图3-52）。

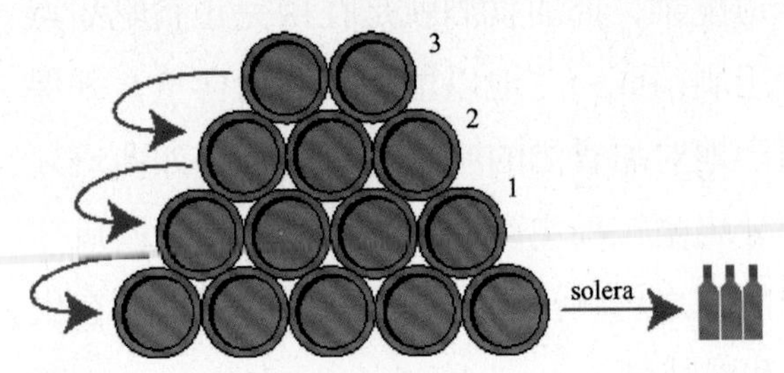

图3-48　索乐拉方式

想一想

西餐中常见的甜品有哪些？

雪糕、班戟、蛋糕、巧克力、布丁等。

图3-49　沙克

图3-50　布里斯特

图3-51　山大文

图3-52　泰勒

活动9　零杯葡萄酒出品服务

工作日记　葡萄酒与食物的搭配

活动场地： 酒店大堂酒吧。

出场角色： 实习生小徐（我）、领班小李。

情境回顾： 工作中的一段对话。

小徐（我）："食物与葡萄酒的搭配需要讲究吗？"

小李："是的，食物与葡萄酒合理的搭配能让它们共同达到和谐的最高境界。我给你讲一个案例：有位女士，为了晚餐搭配的葡萄酒而大伤脑筋，因此，特别到一家葡萄酒专卖店购买葡萄酒，同时向店员征求葡萄酒搭配的建议。店员请这位女士说明想要搭配的菜肴，这位女士说：'牛排。'店员建议用Bordeaux红酒来搭配，这位女士也觉得应该如此。于是，买了几瓶Bordeaux红酒回家，准备晚餐时与亲友好好享受一番。

"隔了两天，这位女士打电话到专卖店抱怨说，他们所建议的Bordeaux红酒，味道上完全无法和她烹制的牛排进行搭配，店员惊讶地回答：‘怎么可能呢？’”

小徐（我）：“为什么会这样？”

小李：“若只是针对牛排，这样的搭配，可能对，也可能错。因为店员并没有问清楚牛排如何烹调？以什么酱料入菜？到了最后，只有浪费了这些红酒，因为这位女士在家做的是咖喱牛排。”

角色任务： 以实习生小徐的身份，学习零杯葡萄酒在吧台上的出品服务。

在吧台上零杯葡萄酒出品服务程序

当客人点葡萄酒后，按以下程序为客人提供零杯服务：

（1）把杯垫摆放在靠近客人右手的吧台上，杯垫图案朝向客人；

（2）选择葡萄酒杯并放在杯垫上；

（3）把酒标朝向客人展示整瓶葡萄酒，向客人确认品牌；

（4）为客人提供倒酒服务；

（5）配送小食（花生、青豆仁等）；

（6）请客人慢慢品尝；

（7）把剩余的葡萄酒盖上软木塞放回工作台上或冰箱中；

（8）当客人杯中葡萄酒剩余不多时，及时询问是否续杯；

（9）及时撤下空杯子并清理吧台。

想一想

葡萄酒与食物搭配有什么原则？

葡萄酒与食物的搭配，并非纯粹以食物作为依据，必须视其烹调的方式，以及入味的酱汁、酱料等。葡萄酒与食物的搭配已有一个简单扼要的精髓——烹饪原料并非葡萄酒搭配的主体，烹调方法和酱料才是决定葡萄酒搭配的主轴。

酒食搭配的一般规律：咸味的葡萄酒加强食物的苦味，酸味的葡萄酒令甜味食物更甜，甜味的葡萄酒减低食物的咸、苦和酸的味道，苦味的葡萄酒可中和食物的酸味。

酒食搭配的一般原则：

（1）红酒搭配味浓郁的菜肴；

（2）白酒搭配味清淡的菜肴；

（3）干白葡萄酒口感清爽、酸度高，以清淡的蒸、烤鱼类或水煮海鲜最为适合；

（4）干红葡萄酒适合配牛排等肉类，若是年份长的红酒，可以搭配长时间煨煮的菜肴。

知识延伸

一、零杯葡萄酒出品服务时应注意事项

客人点用零杯葡萄酒时，若是新开的葡萄酒，应在客人面前进行开酒，然后再给客人斟酒；若是已开启的葡萄酒，可直接给客人斟酒。零杯葡萄酒的斟杯量应根据酒店的相关规定灵活掌握。

二、葡萄酒的种类

1. 根据葡萄酒的颜色分

红葡萄酒、玫瑰红葡萄酒和白葡萄酒（White Wine）。

2. 根据葡萄酒中的含糖量分

干型葡萄酒（Dry）含糖量在4 g/L以下，一般尝不出甜味。

半干型葡萄酒（Semi Dry）含糖量为4 ～ 12 g/L，品尝时能辨别出微弱的甜味。

半甜型葡萄酒（Semi Sweet）含糖量为12 ～ 50 g/L，有明显的甜味。

甜葡萄酒（Sweet）含糖量在50 g/L以上，具有浓厚的甜味。

3. 根据瓶内气压高低分

（1）静态葡萄酒（Still Wine）。在温度20℃的条件下，瓶内气压低于一个大气压的都属静态葡萄酒。由于瓶内不含二氧化碳气体，开瓶后不会产生气泡。红葡萄酒、玫瑰红葡萄酒和白葡萄酒都属于此类。

（2）葡萄汽酒（Sparkling Wine）。葡萄汽酒又称为含汽葡萄酒。这种酒开瓶后会发生气泡。根据不同的生产方法又可分为两种：

① 加汽葡萄酒（Sparkling Wine）：将二氧化碳以人工方法压入白葡萄酒中得到的含汽葡萄酒；

② 香槟酒（Champagne）。

课后练习

一、简答题

1．什么是新酒（Nouveau）？

2．什么是地区管制（AOC）？

3．什么是葡萄黄金生长带？

二、判断题

1．（　　）乙醛和糖分是构成红葡萄酒口味结构的主要成分。

2．（　　）白葡萄酒只能用白葡萄酿造。

3．（　　）葡萄酒类载杯一般为平底高杯。

4．（　　）单宁是构成红葡萄酒口味结构的主要成分。

5．（　　）香槟就是汽酒。

6．（　　）葡萄酒酒标上的年份指装瓶时间。

7．（　　）西班牙产的不甜雪利酒分两种，称“菲奴”（Fino）的适合餐前饮用，称“欧罗素”（Oloroso）的适合饭后饮用。

三、单项选择题

1．葡萄酒类载杯一般为（　　）。

A．平底高杯　　B．圆口直筒杯　　C．方口八角杯　　D．高脚杯

2．（　　）葡萄酒的质量等级可以分为Vins de Table等四级。

A．法国　　B．德国　　C．意大利　　D．西班牙

3．Cabernet Sauvignon是（　　）著名的红葡萄品种。

A．Loire Valley　　B．Chile　　C．France　　D．Bordeaux

4．Bourgogne产区用于酿制（　　）的主要葡萄品种是Chardonnay。

A．红葡萄酒　　B．桃红葡萄酒　　C．白葡萄酒　　D．香槟酒

5．德国葡萄酒的质量等级可以分为：Tafelwein 、（　　）。

A．QUEEN　　B．VGGO、KOW

C．Landwein、QbA、QmP　　D．QUO、AOC

6．（　　）产区用于酿制红葡萄酒的主要葡萄品种有：Cabernet Sauvignon、Merlot、Cabernet Franc。

A．Cote du Rhone　　B．Bordeaux

C．Bourgogne　　D．Alsace

7．（　　）是构成红葡萄酒口味结构的主要成分。

A．酵母　　B．乙醛　　C．丙酚　　D．单宁

8．Bordeaux产区用于酿制（　　）的主要葡萄品种有：Cabernet Sauvignon、Merlot、Cabernet Franc。

A．红葡萄酒　　B．桃红葡萄酒

C．香槟酒　　D．白葡萄酒

9．进行葡萄酒的服务时，酒的商标应始终（　　）。

A．朝向窗户　　B．朝向客人

C．朝向餐厅服务员　　D．朝向斟酒者自己

10．法国葡萄酒的质量等级可以分为：Vins de Table、Vins de Pays、（　　）。

A．Vins de Table　　B．DOCG、DOC、Vins de Pays

C．Vins de Pays　　D．VDQS、AOC

11．意大利葡萄酒的质量等级可以分为：DOCG、（　　）。

A．DOC、VDT、Vino Da Tavola　　B．DOCG、DOC、Vins de Pays

C．DOC、Vins de Pays　　D．DOC、IGT、VDT

12．香槟酒中（　　）为每升12 ~ 17 g的属于Extra Dry。

A．微量元素　　B．葡萄汁浓度

C．酒精含量　　D．含糖量

任务导入 白兰地的前身就是白葡萄酒。在16世纪，蒸馏技术还未应用到葡萄酒上。当时法国与荷兰货物和酒的交易很频繁，但运输距离很远，还受到战争的威胁。有位荷兰商人想出了一个妙法，把葡萄酒蒸馏浓缩成酒精。这样，在运输中既少占空间，遇到战争所受损失也会减少，到了荷兰后再兑水出售。这位聪明的商人到了荷兰后，他的朋友们品尝了这种浓缩的葡萄酒，觉得味道甘美，加了水反而不好，所以他决定就这样出售。这就是关于白兰地酒最早的传说。

任务4 白兰地服务

学习目标

1. 掌握白兰地的定义；
2. 了解白兰地的生产工艺及其饮用方式；
3. 熟记白兰地常用品牌；
4. 掌握白兰地服务操作程序。

预备知识

白兰地泛指所有水果蒸馏酒，其中以葡萄酿造的品味最好，在酿酒业中白兰地被特指葡萄蒸馏酒。白兰地由葡萄汁发酵、经过两次蒸馏而成，必须在橡木桶中陈酿3年以上，酒精含量约40%Vol.。

活动1 认识白兰地

工作日记 生命之水

活动场地：酒店大堂酒吧。

出场角色：实习生小徐（我）、领班小李。

情境回顾：工作中的一段对话……

小徐（我）："洋酒中所指的六大烈酒是否包括白兰地？"

小李："是，包括被誉为'生命之水'的白兰地。"

小徐（我）："为什么说白兰地是'生命之水'？"

小李："据说在14世纪，一些炼金术师想用葡萄酒炼出被称为'生命之水'的长生药，结果意外地提炼出高浓度的葡萄酒，也就是今天的白兰地。从此，生命之水便成了白兰地的代名词。法国的干邑地区和阿曼邑地区酿制的生命之水举世闻名。"

小徐（我）："听说干邑白兰地还分好几个级别，你可以给我多讲讲吗？"

小李："行！"

角色任务：以实习生小徐的身份，学习法国白兰地知识。

最好的白兰地产区

最好的白兰地产区在法国，以干邑区（Cognac）和阿曼邑区（Amargnac）生产的佳酿为代表。早在12世纪，干邑区生产的葡萄酒就已经销往欧洲各国。

干邑区位于法国西南部，葡萄种植面积达10万公顷，由大香槟区（Grande Champagne）和小香槟区（Petite Champagne）等6个种植园区组成。

目前，干邑白兰地都是由不同酒龄、不同葡萄品种和不同区域的多种白兰地混合勾兑而成。干邑白兰地的等级则是根据勾兑原酒的最低酒龄划分出来，也就是说每个等级标志仅仅代表最低酒龄，至于参与混配的酒最高酒龄是看不出来的。

知识延伸

一、干邑的等级标志

常见的干邑等级标志见表3-15。

表3-15　常见的干邑等级标志

常见干邑等级标志	最低酒龄
V.S.O.P	4～5年
X.O	6年以上
Richard、Paradise、Louis XIII	20年以上

等级标志中字母的含义：

V—— Very（非常的），S—— Special（特殊的），O—— Old（陈酿的），P—— Pale（清澈的），X—— Extra（格外的）。

二、常用干邑白兰地品牌

马爹利（Martell）（图3-53、图3-54）。

人头马（Remy Martin）（图3-55、图3-56、图3-57）。

轩尼诗（Hennessy）（图3-58、图3-59、图3-60、图3-61）。

想一想

为什么陈酿用的橡木桶对干邑白兰地如此重要？

干邑地区的橡木桶均采用百年以上树龄的橡木制造而成，带有醇厚木香。干邑白兰地的色泽及部分酒香就是从酒桶得来的，新酒桶赋予酒液琥珀色，旧酒桶则赋予酒液醇香。

图3-53
蓝带马爹利

图3-54
马爹利V.S.O.P

图3-55
人头马V.S.O.P

图3-56
人头马XO

图3-57
人头马路易十三

图3-58
轩尼诗V.S.O.P

图3-59
轩尼诗XO

图3-60
轩尼诗杯莫停

图3-61
轩尼诗李察

活动2　白兰地出品服务

工作日记　品味干邑

活动场地：酒店培训教室。

出场角色：实习生小徐（我）、酒水部陈经理。

情境回顾：酒水知识培训课上……

陈经理：“品酒是一门学问，但不能胡乱喝酒，既伤害身体，还浪费酒。小徐，你喜欢品酒吗？”

小徐（我）：“平常我是不喝酒的，但是品酒则能欣然接受。中国的造字很深奥，‘品酒’，之所以‘品’，就是要求你，一口酒务必分三小口来尝。”

陈经理：“讲得不错！”

小徐（我）：“陈经理，酒应该如何品呢？”

陈经理：“不同的酒就有不同的品尝方式，就拿今天我们讲授的干邑白兰地为例。品尝干邑白兰地应该用白兰地杯，每次倒入2 ~ 3 oz，轻轻摇动，让酒香散发出来。此时，你可以欣赏到干邑白兰地的色泽。琥珀色是由储藏干邑白兰地的橡木桶赋予的。不要以为年份越长颜色会越深。其实，用陈年的橡木桶储存的干邑白兰地，颜色未必会比用新橡木桶储存的颜色深。喝的时候，把酒杯移近至鼻子，轻轻地嗅，晃动酒杯，再嗅一次，香气扑鼻而至。轻啜一小口，可不要一口喝完，缩起上唇，由口侧吸入空气，让干邑白兰地有足够的时间停留在舌头的后部，最后再慢慢感受酒中的各种香味、层次。”

角色任务：以实习生小徐的身份，学习零杯白兰地在吧台上的出品服务。

在吧台上零杯白兰地出品服务程序

当客人点白兰地后，按以下程序为客人提供零杯服务：

（1）把杯垫摆放在靠近客人右手的吧台上，杯垫图案朝向客人；

（2）选择白兰地杯并放在杯垫上；

（3）把酒标朝向客人展示整瓶白兰地，向客人确认品牌；

（4）在客人面前使用量酒器往杯中量入酒水；

（5）配送小食（花生、青豆仁等）；

（6）请客人慢慢品尝；

（7）把白兰地酒瓶放回工作台或酒柜上；

（8）当客人杯中白兰地剩余不多时及时询问是否续杯；

（9）及时撤下空杯子并清理吧台。

白兰地杯的持杯方式见图3-62。

图3-62　持杯方式

知识延伸

一、零杯白兰地出品服务时应注意事项

（1）应选用白兰地杯，杯子干净、无水渍、无破口；

（2）必须在客人面前量入酒水；

（3）必须使用量酒器。

二、白兰地的饮用方法

净饮：白兰地杯，将白兰地按分量直接倒入杯中即可。

加冰：用洛克杯，把冰块放入杯内，然后按分量倒入白兰地即可。

混合饮用：以白兰地为基酒调制鸡尾酒，如“白兰地亚历山大”。

想一想

客人点一杯白兰地，一杯的量是多少？就是1 oz吗？

烈酒的零杯销售中，一杯的量是多少并没有一个绝对的数字，因为在不同的酒吧中，酒水售价自然也不相同，而烈酒每杯的量也因地而异，售价高的量自然会多一些，反之会少一些。酒店酒吧均是以1或1.5 oz为1杯起算的。

课后练习

一、简答题

1．什么是白兰地？

2．V.S.O.P的含义是什么？

二、判断题

1．(　　)洛克杯一般用于净饮各种烈酒（白兰地除外）。

2．(　　)古典杯（洛克杯）一般用于盛装加冰块的烈酒。

3．(　　)白兰地的颜色来源于人工增色。

4．(　　)白兰地是世界著名六大蒸馏酒之一。

5．(　　)小麦是发酵白兰地的主要原料。

三、单项选择题

1．白兰地的颜色来源是(　　)。

A．自然生色　　B．生产中产生

C．来自酿酒原料本身　　D．人工增色

2．Martell、Remy Martin、Hennessy是世界著名的(　　)品牌。

A．白兰地　　B．伏特加

C．威士忌　　D．特基拉

任务导入　世界上最著名、最具代表性的威士忌生产地区当数苏格兰、爱尔兰、美国和加拿大。其中，爱尔兰是最早生产威士忌的国家，苏格兰威士忌在市场上的销量最好，美国威士忌最受新人类追捧，加拿大威士忌最清淡。

任务5
威士忌服务

学习目标

1. 掌握威士忌的定义；
2. 了解威士忌的生产工艺及其饮用方式；
3. 熟记威士忌常用品牌；
4. 掌握威士忌服务操作程序。

预备知识

威士忌是以大麦、玉米等谷物为原料发酵并经过二次蒸馏、陈酿、勾兑而成的含酒精饮料。

活动1　认识威士忌

工作日记　亦刚亦柔的威士忌

活动场地：酒店培训教室。

出场角色：实习生小徐（我）、酒水部陈经理。

情境回顾：酒水知识培训课上……

小徐（我）："陈经理，威士忌应如何品尝？"

陈经理："威士忌辛辣、很男性化，非常适合在酒吧那种轻松休闲的气氛中品尝。威士忌亦刚亦柔。葡萄酒加任何饮品都会破坏原味，只能净饮，而威士忌则既可以净饮，也可以混配；既可细细地享受它的味道，也可以欣赏它和其他饮品混配的新奇、有趣和创意。无论是净饮还是混配均各有各的精彩。"

小徐（我）：“您选择哪一种方式品尝威士忌？”

陈经理：“我会在不同的场合喝不同的酒，看世界杯我会喝啤酒，应酬的时候喝白兰地，放松的时候，譬如和朋友聚会，我会选择喝威士忌。我喜欢净饮威士忌，要的就是那种纯净的感觉，什么都不加，包括冰块，体会酒液散发出来的馥郁。”

角色任务：以实习生小徐的身份，学习威士忌知识。

一、苏格兰威士忌（Scotch Whisky）

苏格兰威士忌的酿造已有500多年的历史。酒体风格极具个性，采用苏格兰特有的泥炭烘烤麦芽，淡淡的烟熏味带着浓厚的苏格兰乡土气息。苏格兰威士忌世界闻名，与当地气候、水质、酿造方法等有着密不可分的关系，是威士忌中的上品。

苏格兰威士忌在市场上常见有两大类：一是带有烟熏味的纯麦威士忌，二是销量最大、品牌最多的勾兑威士忌。事实上，还有一种不对外销售、厂家专用于勾兑的谷物威士忌，与纯麦威士忌按比例混合后便可产出著名的勾兑威士忌。

（1）纯麦威士忌（Single Malt Whisky）。只使用一种麦芽发酵，用特有的泥炭烘烤后制成麦芽浆，发酵蒸馏而成。纯麦威士忌深受苏格兰人喜爱，但因烟熏味重、酒度高，在国外销量却不多。目前，大多厂家把它用作勾兑混合威士忌的原酒。

纯麦威士忌的五个主要产区：Highland、Lowland、Islay、Speyside和Campbeltowns。

常用苏格兰纯麦威士忌品牌：格兰菲迪（Glenfiddich）（图3-63、图3-64）。绿牌（Johnnie Walker Green Label）（图3-65）。

（2）谷物威士忌（Grain Whisky）。按重量，以80%的玉米和20%的大麦混合糖化发酵，连续蒸馏成高浓度的酒精，再兑水稀释陈酿而成。因酒体无烟熏味，成品常被用于勾兑，市场上很少有销售。

（3）勾兑威士忌（Blended Whisky）。又称混合威士忌，指用纯麦威士忌与谷物威士忌按比例调配而成的威士忌，烟熏味恰到好处。因各品牌勾兑威士忌的勾兑比例不尽相同，因此酒体风格各异，各有特色与卖点。其实这就是苏格兰勾兑威士忌占领市场最大份额的原因之一。

常用苏格兰勾兑威士忌品牌：百龄坛（Ballantine's）（图3-66）、顺风（Cutty Sark）（图3-67）、红牌（Johnnie Walker Red Label）（图3-68）、黑牌（Johnnie Walker Black Label）（图3-69）、芝华士（Chivas Regal）（图3-70）、皇家礼炮（Chivas Regal Royal Salute）（图3-71）。

二、爱尔兰威士忌（Irish Whiskey）

爱尔兰是最早的威士忌产地。它以大麦为主要生产原料，混合燕麦、小麦和黑麦等谷物经发酵、三次蒸馏而成。陈酿8～15年的威士忌，因使用无烟煤烘烤麦芽，酒体无烟熏味，口感浓厚、油腻、

图3-63 格兰菲迪（1）　图3-64 格兰菲迪（2）　图3-65 绿牌　图3-66 百龄坛　图3-67 顺风

图3-68 红牌　图3-69 黑牌　图3-70 芝华士　图3-71 皇家礼炮

辛辣，净饮或混合饮用均可。在咖啡厅中，常用它制作爱尔兰咖啡（图3-72）。

常用爱尔兰威士忌品牌：约翰·占美臣（John Jameson）（图3-73）。

三、美国威士忌（American Whiskey）

美国威士忌的生产主要分布在宾夕法尼亚、印第安纳和肯塔基三个区域，其中肯塔基州波本镇种植全美国最优质的玉米，当地人用玉米生产的威士忌最具特色，代表美国威士忌，因此美国威士忌又被称为“玉米威士忌”或“波本威士忌”（Bourbon）。虽然美国威士忌的酿造史仅有200多年，但产品紧跟市场需求，质量在不断提高，因此近年的市场销售份额也在逐年增加。

美国波本威士忌口感醇厚、绵柔，原料中玉米占51%以上，再混合大麦等其他谷物经发酵、蒸馏而成，陈酿时间为2～4年。

常用美国威士忌品牌：四玫瑰（Four Roses）（图3-74）。金冰（Jim Beam）（图3-75）。杰克丹尼（Jack Daniel’s）（图3-76）。

图3-72　爱尔兰咖啡

图3-73　约翰·占美臣

图3-74　四玫瑰

图3-75　金冰

图3-76　杰克丹尼

四、加拿大威士忌（Canadian Whisky）

加拿大威士忌又被称为“黑麦威士忌”（Rye Whisky），是四大威士忌口味特点中最清淡的一种。它是以51%以上的黑麦为主要原料，混合大麦等其他谷物经发酵、蒸馏而成，陈酿4年才可进行勾兑和装瓶销售，陈酿时间越长酒液越甜腻。

想一想

四地区威士忌有何异同？

四地区威士忌的比较见表3-16。

表3-16　四地区威士忌的比较

地区	苏格兰威士忌	爱尔兰威士忌	美国威士忌	加拿大威士忌
生产原料	大麦	80%大麦	玉米为主	黑麦为主
陈酿时间	至少5年	至少8年	至少2年	至少4年
蒸馏次数	2次	3次	2~3次	2次
其他方面	泥炭烤麦芽，有烟熏味	无烟煤烘烤，无烟熏味	新木桶陈酿	旧木桶陈酿

常用加拿大威士忌品牌：加拿大俱乐部（Canadian Club），简称C.C（图3-77）。

图3-77　加拿大俱乐部

知识延伸

关于威士忌的英文书写

不同地区对威士忌的写法也有差异，爱尔兰和美国写为Whiskey，而苏格兰和加拿大则写成Whisky。

活动2　威士忌出品服务

工作日记　选择适合自己的饮法

活动场地：酒店大堂酒吧。

出场角色：实习生小徐（我）、领班小李。

情境回顾：工作中的一段对话。

小徐（我）：“在培训课上，陈经理说他喜欢净饮威士忌，您又是如何选择品尝方式的呢？”

小李："威士忌的喝法，各地区会有些差异。欧洲人喝威士忌通常只加点水而已，事实上，兑水的喝法比较能体现威士忌的原味。每个人口味不同，兑水的比例也有不同。中国人不常喝威士忌，那么酒水各占50%是最适合的，还可以加冰块，让酒的口感更爽；在法国，人们往往什么都不加，喜欢威士忌原本的浓香醇厚；美国人则会先在杯中放大量的冰块，然后倒少量威士忌，琥珀色的液体流过冰块冒着冷气。就我自己而言，喝威士忌的时候我更喜欢加一些碎冰。"

小徐（我）："为什么有些客人喝威士忌的时候会兑苏打水、可乐或者加入绿茶？"

小李："其实喝威士忌没有特定的规定，只要自己喜欢就好，喝得尽兴最重要。"

角色任务： 以实习生小徐的身份，学习零杯威士忌在吧台上的出品服务。

在吧台上零杯威士忌出品服务程序

当客人点威士忌后，按以下程序为客人提供零杯服务：

（1）询问客人饮用威士忌的方式（净饮、加冰、兑蒸馏水或混合软饮料）；

（2）把杯垫摆放在靠近客人右手的吧台上，杯垫图案朝向客人；

（3）净饮。选用洛克杯并放在杯垫上，使用量酒器把威士忌按量直接倒入杯中即可；

加冰：选用洛克杯，在杯中放入1/3杯冰块，把杯子放在杯垫上，使用量酒器把威士忌按量直接倒入杯中即可。

兑蒸馏水：选用高杯，在杯中放入半杯冰块，连同吸管和搅棒，把杯子放在杯垫上；使用量酒器把威士忌按量直接倒入高杯中；在客人面前打开蒸馏水并根据客人的喜好添加；把剩余矿泉水的瓶子摆放在高杯右上方的另一张杯垫上，商标正面朝向客人；询问客人是否需要加入柠檬片并为客人夹入杯中。

混合软饮料：做法与兑蒸馏水相同。

（4）配送小食（花生、青豆仁等）；

（5）请客人慢慢品尝；

（6）把威士忌酒瓶放回工作台或酒柜上；

（7）当客人杯中威士忌剩余不多时应及时询问客人是否续杯；

（8）及时撤下空杯子并清理吧台。

想一想

如何理解双份威士忌？

"Ordered a double whiskey"，客人要了一杯双份量的威士忌。选用洛克杯，使用量酒器按一杯威士忌标准量的两倍量入杯中即可。如客人说："Double scotch on the rock"，即双份苏格兰威士忌加冰饮用。

知识延伸

一、零杯威士忌出品服务时应注意事项

（1）正确选用杯子，杯子干净、无水渍、无破口；

（2）必须在客人面前量入酒水；

（3）必须使用量酒器；

（4）询问客人是否加冰块、柠檬片及加多少冰块，勾兑用的软饮料要根据客人的喜好按比例添加。

二、威士忌的混合饮法

（1）干姜水勾兑威士忌，增加了威士忌的辛辣味，是目前比较流行的时尚喝法。

（2）曼哈顿，在美国威士忌中加入甜马天尼，再加入3滴苦精，加冰，口感辛辣。

（3）生锈钉，杜林标蜜糖酒勾兑苏格兰威士忌，以1∶1的比例勾兑，口感较甜，适合女士。

（4）爱尔兰咖啡，是以爱尔兰威士忌为基酒的一款热饮。先用酒精炉把杯子温热，倒入1.5 oz的爱尔兰威士忌，用火把酒点燃，转动杯子使酒液均匀地在杯中燃烧30秒，然后加入方糖和热咖啡搅拌均匀，最后在咖啡杯中加入鲜奶油。

（5）杰克丹尼可乐，是以杰克丹尼威士忌加上可乐、冰块调制而成的一款简易鸡尾酒。威士忌与可乐的调配比例通常为1∶2或1∶3。此酒在欧美等国家非常流行，也是派对上的必备饮品之一（图3-78）。

图3-78　杰克丹尼可乐

课后练习

一、简答题

波本威士忌的生产有何特别要求？

二、判断题

1.（　　）加拿大威士忌至少陈酿3年才能进行勾兑和装瓶销售。

2.（　　）爱尔兰威士忌的口感是甜腻、绵柔。

3.（　　）苏格兰威士忌具有独特的果香味。

4.（　　）大豆是酿造威士忌的原料。

5.（　　）美国、法国、苏格兰和爱尔兰是世界上著名的威士忌生产国家和地区。

任务导入　特基拉酒是一种酒体很浓烈和刺鼻的烈性酒，采用独特的原材料制成，深受墨西哥人的钟爱。它是墨西哥的国酒，更是其与各国建交的重要工具之一。

任务6
特基拉服务

学习目标

1. 掌握特基拉的定义；
2. 了解特基拉的生产工艺及其饮用方式；
3. 熟记特基拉常用品牌；
4. 掌握特基拉服务操作程序。

预备知识

特基拉是墨西哥特有的烈性酒，以哈利斯科州特基拉镇种植的玛圭龙舌兰为原料，经酿造、蒸馏和陈酿而成。因龙舌兰的主要产地集中在特基拉镇一带，故产出的酒被称为“特基拉”。

活动1　认识特基拉

工作日记 复述客人点的内容

活动场地： 酒店大堂酒吧。

出场角色： 实习生小徐（我）、领班小李。

情境回顾： 工作中的一段对话。

小徐（我）：“我曾在某部电影里看到这样的片段：客人来到吧台前用英语向调酒师点‘seven tequila’。随即，调酒师熟练地把‘七喜’柠檬汽水与特基拉混合在杯中。结果客人马上说调酒师做错了，他要的是‘7杯特基拉烈酒’。小李，你会如何杜绝这种情况的出现？”

小李：“近段时间里，你也参与了酒水服务工作，是否记得在服务中要经常询问客人的要求？这个案例正好解释了询问的意义。如果我是电影中的调酒师，我会再次确认客人点的到底是‘seven and tequila’（‘七喜’柠檬汽水勾兑特基拉）还是‘seven tequila’（7杯特基拉净饮）。因为客人说的是英语，发音中‘and’比较难听出来，所以遇到类似的情形，更要提醒自己，以免类似的情况出现。”

小徐（我）：“哦！明白了。”

角色任务： 以实习生小徐的身份，学习特基拉知识。

特基拉的生产过程

龙舌兰是生产特基拉的主要原料（图3-79），成长期为8 ~ 10年，直径70 ~ 80 cm，重30 ~ 40 kg，外形酷似一个巨型的菠萝，大约6 kg的果实才能酿成1 kg的特基拉酒。

图3-79　龙舌兰种植园

制作特基拉，先把当天新挖出（图3-80）并去掉叶子的龙舌兰（图3-81）运送到酿酒厂，放进石烤炉蒸煮46 ~ 48小时，使淀粉质转化成糖汁，榨出糖汁后让其在发酵缸里自然发酵20小时，当糖分转化成酒精后马上进行蒸馏。完成第一次蒸馏，酒精含量约25%Vol.；完成第二次蒸馏，酒精含量约55%Vol.；最后兑以蒸馏水稀释。直接装瓶销售的叫普通特基拉酒，酒液无色透明；入桶陈化超过一年的叫陈化特基拉酒，酒液金黄色，是特基拉的上品。

（a）

（b）

图3-80　收割龙舌兰

图3-81　去掉叶子的龙舌兰

知识延伸

一、特基拉与麦斯卡尔

龙舌兰生长在墨西哥中央高原北部的哈利斯科州一带。墨西哥政府有明文规定，只有以哈利斯科州的特基拉镇的龙舌兰（Agave Asul Tequila）为原料所制成的酒，才允许冠以“特基拉”之名出售，就像干邑白兰地必须是产自法国干邑地区一样。而用其他品种的龙舌兰或区域制成的蒸馏酒则只称为龙舌兰酒，因此所有的特基拉酒都是龙舌兰酒，但并非所有的龙舌兰酒都可称之为特基拉酒。

麦斯卡尔（Mezcal）是墨西哥的印第安人生产的龙舌兰酒，它与特基拉最大区别在于每瓶麦斯卡尔酒里都放有昆虫（图3-82），原因是印第安人认为酒里有令人发疯的邪气，所以他们会在瓶底置有专食龙舌兰植物根部的小虫子。据说，和酒一同吞下去，小虫能吃掉邪灵，并带给饮者勇气。

二、常用特基拉品牌

白金武士（Conquistador Silver）（图3-83）。

金快活（Jose Cuervo）（图3-84）。

索查（Sauza）（图3-85）。

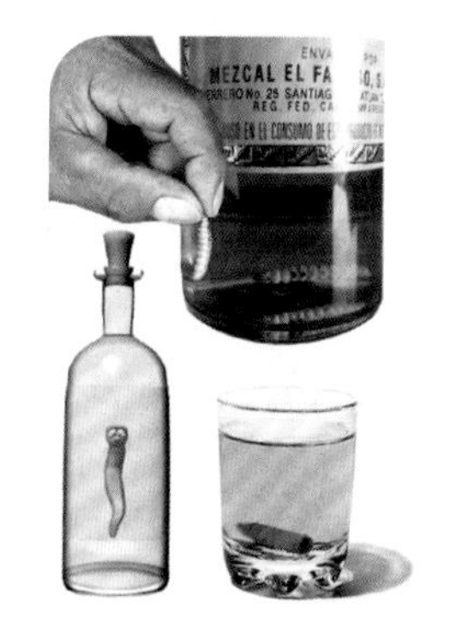

图3-82　麦斯卡尔

图3-83　白金武士

图3-84　金快活

图3-85　索查

活动2　特基拉出品服务

工作日记　特基拉最经典的饮法

活动场地：酒店大堂酒吧。

出场角色：实习生小徐（我）、领班小李。

情境回顾：工作中的一段对话。

小李：“六大烈酒之一的特基拉是墨西哥的国酒，可以说，特基拉几乎成了墨西哥的代名词。品尝特基拉有两种最经典的

想一想

服务中询问客人要求有何意义？

（1）对客人表示尊重；

（2）为客人营造消费气氛；

（3）体现酒吧的服务水准；

（4）准确地为客人提供服务。

饮法。”

小徐（我）：“哪两种？”

小李：“第一，净饮，咬一口青柠檬，然后舔一下盐，再一口饮下特基拉；第二，把汽水和特基拉一起加入洛克杯中，用手盖住杯口，提起酒杯往吧台上一敲，这种喝法叫tequila pop，虽然这样的喝法称不上文雅，但毕竟是墨西哥的一种饮食文化。然而，使墨西哥酒文化闻名的还有一种叫玛格丽特的经典鸡尾酒……”

角色任务：以实习生小徐的身份，学习零杯特基拉在吧台上的出品服务。

在吧台上零杯特基拉出品服务程序（除净饮外其他出品服务程序与威士忌相同）

当客人点净饮特基拉后，按以下程序为客人提供零杯服务：

（1）把两张杯垫摆放在吧台上，杯垫图案朝向客人；

（2）在小圆碟的一侧用冰夹夹入与客人数量相同的青柠檬角（1块/人），另一侧放少许细盐，然后把小圆碟放在吧台的杯垫上；

（3）把洛克杯或短杯放在靠近客人右手的杯垫上；

（4）把酒标朝向客人展示整瓶特基拉，向客人确认品牌；

（5）在客人面前使用量酒器往杯中量入酒水；

（6）配送小食（花生、青豆仁等）；

（7）请客人慢慢品尝；

（8）当客人一口饮用完毕后，应及时询问客人是否续杯；

（9）把特基拉酒瓶放回工作台或酒柜上；

（10）及时撤下空杯子并清理吧台。

知识延伸

一、零杯特基拉出品服务时应注意事项

（1）正确选用杯子，杯子干净、无水渍、无破口；

（2）必须在客人面前量入酒水；

（3）必须使用量酒器；

（4）净饮特基拉服务要配备青柠檬和盐；

（5）由于净饮特基拉所需时间短，应及时询问客人是否续杯。

二、特基拉的饮用方法

净饮：使用30 mL短杯，量入1份特基拉酒，切1/4个青柠檬角，将少许盐撒在小碟上（图3-86）。客人喝时先用柠檬角沾满盐，放入口中咬，让口中又酸又咸，出现微微麻木的味觉，再粗犷豪爽地一口喝掉特基拉酒，味道非常刺激。

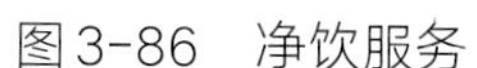

图3-86　净饮服务

图3-87　玛格丽特

混合饮用：以特基拉为基酒调制鸡尾酒，如“玛格丽特”（图3-87）、“特基拉日出”。

想一想

净饮特基拉还有别的方式吗？

在酒店酒吧中应选用上述的方法净饮特基拉。此外，在墨西哥当地还有一种更原始、更豪放的饮用方法——首先在自己左手拇指与食指间用舌头轻轻舔湿，然后撒上少许盐，让盐黏附在两指间的虎口上，轻拍双手让多余的盐落下；左手拇指与食指捏起一块青柠檬角，右手端起一杯特基拉，先用舌头舔左手上的盐，接着咬一口青柠檬，再一口把特基拉一饮而尽。

课后练习

判断题

1.（　　）玛格丽特杯容量通常为140 ~ 168 mL。

2.（　　）产自墨西哥的Jose Cuervo翻译成中文是白金武士。

3.（　　）龙舌兰是生产特基拉酒的主要原料。

4.（　　）所有用龙舌兰酿造的酒都可称之为特基拉。

任务导入

相传哥伦布发现新大陆后，把甘蔗从欧洲带到加勒比地区，后来由移居到此的一位英国人用当地的甘蔗为原料经发酵、蒸馏出第一瓶朗姆酒。随着航海贸易的频繁，人们将朗姆酒的制法带到世界各地，逐渐成为国际级名酒。

由于朗姆酒以甘蔗为原料酿造而成，因此"有甘蔗的地方就有朗姆酒"的说法被普遍认同。比较著名的朗姆酒产地有古巴、牙买加、波多黎各、委内瑞拉、巴巴多斯等。

任务7
朗姆酒服务

学习目标

1. 掌握朗姆酒的定义；
2. 了解朗姆酒的生产工艺及其饮用方式；
3. 熟记朗姆酒常用品牌；
4. 掌握朗姆酒服务操作程序。

预备知识

朗姆酒是用甘蔗汁或甘蔗制糖后的甘蔗渣提炼出的糖蜜，经发酵、蒸馏和陈酿而成。其主要产地位于加勒比海和西印度群岛一带。

活动1　认识朗姆酒

工作日记 令人兴奋的朗姆酒

活动场地：酒店培训教室。

出场角色：酒水部陈经理。

情境回顾：酒水知识培训课上。

陈经理："RUM原意为'兴奋'。据说，有位英国人移民到西印度群岛后，成功地用当地的甘蔗蒸馏出世界上第一瓶朗姆酒。就在当天，英国人让当地土著品尝了他的‘成果’。土著们从未品尝过如此辛烈的酒水，口中马上道出土语‘Rumbullion’（英语译音，意为兴奋）。于是这位英国人便以‘Rumbullion’的第一个音节‘Rum’来命名朗姆酒了。”

角色任务：以实习生小徐的身份，学习朗姆酒知识。

朗姆酒的生产过程

制作朗姆酒，先把压榨出的甘蔗汁熬煮，再经过离心机以每分钟5500转分离出可发酵用的糖分，兑水稀释后经发酵蒸馏制成。目前，大多数朗姆酒的制作原料均采用制糖后的甘蔗渣制成。

知识延伸

一、朗姆酒的分类

根据原料和酿制方法的不同，普遍按颜色来分类，主要有以下三种。

白朗姆酒（Light Rum）：无色或淡色，又称银朗姆（Sliver Rum）。

黑朗姆酒（Dark Rum）：加入焦糖调色呈浓褐色，口感醇厚，多数产自牙买加。西厨常用于点心调味，例如著名甜点“提拉米苏”。

金朗姆酒（Golden Rum）：酒液呈金黄色，通常以白朗姆酒和黑朗姆酒相勾兑而成。

另外，还可按口味分类，主要有清淡型和浓烈型两种风格：清淡型朗姆酒主要产自波多黎各和古巴，浓烈型朗姆酒以牙买加出产的为代表。

二、常用朗姆酒的品牌

百家得（Bacardi）（图3-88、图3-89）。

美雅士（Myers’s）（图3-90）。

摩根船长（Captain Morgan Original Spiced）（图3-91）。

图3-88　金百家得

图3-89　白百家得

图3-90　美雅士

图3-91　摩根船长

想一想

朗姆酒适合调制哪种类型的鸡尾酒？

由于朗姆酒具有提升水果饮品味道的能力，所以用它调制热带水果类鸡尾酒是最适合的。如菠萝汁、蜜瓜汁、椰子汁、香蕉汁、草莓汁、杧果汁和薄荷叶，与朗姆酒混合均是很好的组合。最著名的混合饮品有椰林飘香、莫吉托（mojito）、草莓得其利、水果宾治等。

活动2　朗姆酒出品服务

工作日记　自由古巴

活动场地： 酒店培训教室。

出场角色： 实习生小徐（我）、酒水部陈经理。

情境回顾： 酒水知识培训课上。

陈经理："朗姆酒在酒吧中常被用于制作混合饮品，最著名的有自由古巴、得其利和椰林飘香。"

小徐（我）："我知道自由古巴是用朗姆酒和可乐勾兑成的，为什么会取名自由古巴呢？"

陈经理："要知道，几乎所有鸡尾酒都有它的故事。据说在1898年的一个下午，在古巴的'夏万娜'酒吧内，有位美国军官让调酒师用百家得朗姆酒勾兑可乐做一款鸡尾酒。当酒做好后，调酒师便请教军官这款鸡尾酒取名什么，由于美国军官对当时的古巴政权不满，于是脱口而出：'自由古巴。'在座客人问其缘由时，军官马上急中生智地说：'你们看，百家得是古巴最著名的朗姆酒，配以象征自由的美国可乐，这不就等于是自由古巴吗？'"

角色任务： 以实习生小徐的身份，学习零杯朗姆酒在吧台上的出品服务。

在吧台上零杯朗姆酒出品服务程序（与威士忌出品服务程序相同）

当客人点朗姆酒后，按以下程序为客人提供零杯服务：

（1）询问客人饮用朗姆酒的方式（净饮、加冰或混合软饮料）；

（2）把杯垫摆放在靠近客人右手的吧台上，杯垫图案朝向客人；

（3）把酒标朝向客人展示整瓶朗姆酒，向客人确认品牌；

（4）净饮：选用洛克杯并放在杯垫上，使用量酒器把朗姆酒按量直接倒入杯中，询问客人是否需要加入柠檬片并为客人夹入杯中；

加冰：选用洛克杯，在杯中放入1/3杯冰块，把杯子放在杯垫上，使用量酒器把朗姆酒按量直接倒入杯中，询问客人是否需要加入柠檬片并为客人夹入杯中。

混合软饮料：与威士忌的做法相同。

（5）配送小食（花生、青豆仁等）；

（6）请客人慢慢品尝；

（7）把朗姆酒酒瓶放回工作台或酒柜上；

（8）当客人杯中朗姆酒剩余不多时，应及时询问客人是否续杯；

（9）及时撤下空杯子并清理吧台。

知识延伸

零杯朗姆酒出品服务时应注意事项

（1）正确选用杯子，杯子干净、无水渍、无破口；

（2）必须在客人面前量入酒水；

（3）必须使用量酒器；

（4）净饮与加冰饮用时需询问客人是否加入柠檬。

想一想

朗姆酒还可以用在什么地方？

朗姆酒还可以用在烹饪等方面。许多法国人喜欢把朗姆酒放在厨房里作烹饪调料，而大家耳熟能详的意大利甜点“提拉米苏”里面也加入了朗姆酒。

课后练习

单项选择题

1．根据颜色来分类，朗姆酒主要分有白朗姆酒、黑朗姆酒和（　　）。

A．金朗姆酒　　B．红朗姆酒　　C．蓝朗姆酒　　D．绿朗姆酒

2．朗姆酒的主要原料是（　　）。

A．大麦　　B．小麦　　C．甘蔗渣　　D．葡萄

3．用朗姆酒调制的鸡尾酒有（　　）。

A．红粉佳人　　B．青草蜢　　C．自由古巴　　D．干马天尼

任务导入

伏特加和杜松子酒一样，使用谷物作为基本原料蒸馏而成。为保证伏特加的纯净，通常会用活性炭进行过滤，甚至使用精细的石英砂以保证绝对的纯净。

伏特加始于12世纪的俄罗斯和波兰，在当时，伏特加是当地所有烈性酒的统称。无论是用葡萄、谷物，还是用土豆发酵、蒸馏而成，成品的味道都非常浓烈、醇厚、芳香。

任务8
伏特加服务

学习目标

1. 掌握伏特加的定义；
2. 了解伏特加的生产工艺及其饮用方式；
3. 熟记伏特加常用品牌；
4. 掌握伏特加服务操作程序。

预备知识

伏特加是以谷物、土豆为主要生产原料，使其糖化、发酵，连续蒸馏成酒度在75%Vol.以上的蒸馏酒，再经过木炭过滤，成为无色、无味的蒸馏酒品。

活动1 认识伏特加

工作日记 可爱的水

活动场地：酒店培训教室。

出场角色：酒水部陈经理。

情境回顾：酒水知识培训课上。

陈经理："伏特加之名源自俄语'Voda'，意为'可爱的水'。据史料记载，俄国最早在公元12世纪就开始蒸馏伏特加酒，当时主要是用于治疗疾病，生产原料都是一些最便宜的农产品，如小麦、大麦、玉米、土豆和甜菜。

“用伏特加调制的鸡尾酒有很多，最为著名的应数‘血玛丽’。关于这款经典鸡尾酒，还有一个传说：据说在大战期间，俄国军队为保证士兵们能保持良好的作战状态，实施全军禁酒。为了逃避检查，个别贪酒的士兵想出了一个能掩人耳目的方法来应付检查——当军官突击检查时，这些士兵便马上把早已准备的番茄汁倒入装有酒的杯子中，假装在喝番茄汁。因为伏特加无色无味，当军官提起酒杯检查时却又难以分辨出来……这只是关于‘血玛丽’由来的一个传说。今天，就从这个故事开始，学习伏特加的相关知识。”

角色任务：以实习生小徐的身份，学习伏特加知识。

伏特加的生产过程

伏特加，是以谷物、土豆为生产原料制成。首先把原料糖化发酵，然后放入连续式蒸馏器中蒸馏，提炼出75%Vol.以上的高浓度酒液，再用活性炭或石英砂把酒液中的杂异气味吸附掉，最后兑以蒸馏水稀释，制出无色无味的原味伏特加。原味伏特加除酒精气味外，几乎没有其他香味。

想一想

为什么伏特加作为基酒用于调酒是最适合的？

在各种用于调制鸡尾酒的烈酒中，伏特加是最具有灵活性、适应性和变通性的一种烈酒，尤其是原味伏特加，由于它无色无味，几乎可以与各种饮料或酒水混合且不会破坏整体味道，因此伏特加作为基酒用于调酒最为合适。

知识延伸

一、伏特加的分类

伏特加是俄罗斯的国酒。市场上分为两大类：一类是无色无味的原味伏特加，另一类是加入各种香料的调香伏特加。

如今，调香伏特加越来越受到人们的欢迎。在原味伏特加中调入各种香料便可得到香味各异的调香伏特加，常见的香型有红梅味、梨子味、蜜桃味、杧果味、柠檬味等。因其香味的作用，调香伏特加更受年轻人喜爱（图3-92、图3-93、图3-94、图3-95）。

二、常用伏特加品牌

皇冠伏特加（Smirnoff）（图3-96）。

斯多里施娜亚（Stolichnaya）（图3-97）。

绝对伏特加（Absolut Vodka）（图3-98）。

图3-92 红梅味伏特加

图3-93 梨子味伏特加

图3-94 蜜桃味伏特加

图3-95 杧果味伏特加

图3-96 皇冠伏特加

图3-97 斯多里施娜亚

图3-98 绝对伏特加

活动2 伏特加出品服务

工作日记 伏特加与007

活动场地：酒店大堂酒吧。

出场角色：实习生小徐（我）、领班小李。

情境回顾：工作中的一段对话。

小李："小徐，你爱看电影007吗？"。

小徐（我）："是詹姆斯·邦德吗？非常喜欢！怎么啦？"

小李："早在1962年放映的第一部007系列电影《勇破神秘岛》中，詹姆斯·邦德一出场就要了一瓶伏特加，是老牌子'Smirnoff'伏特加。从此，在每一部007电影里，詹姆斯·邦德的手里不是握着一把枪，就是端着一杯伏特加。所不同的是，忙的时候他就直接净饮，紧张的时候他喜欢要加冰的伏特加，悠闲的时候则喜欢叫调酒师调上一杯'伏特加马天尼'"。

小徐（我）："就是那种最纯粹的鸡尾酒？"

小李："是的！电影中他常这样说道：'伏特加马天尼，要摇匀，不要兑的。'"

小徐（我）："我知道这款经典鸡尾酒是用调和法做的，怎么会变成摇和法调制呢？"

小李："用摇壶把伏特加和味美思再加上冰块摇，这就是詹姆斯·邦德最喜欢的调法。在现实中，如果我们的客人要求改变调制方法来完成出品，那么，在饮品成本没有太大偏差的前提下，作为调酒师应尽量满足客人的要求。"

小徐（我）："明白了！那你喜欢如何品尝伏特加？

小李："伏特加勾兑青柠苏打。"

小徐（我）："就这么普通？"

小李：“是的，我不是007，哈哈。”

角色任务：以实习生小徐的身份，学习零杯伏特加在吧台上的出品服务。

在吧台上零杯伏特加出品服务程序（与威士忌出品服务程序相同）

当客人点伏特加后，按以下程序为客人提供零杯服务：

（1）询问客人饮用伏特加的方式（净饮、加冰或混合软饮料）；

（2）把杯垫摆放在靠近客人右手的吧台上，杯垫图案朝向客人；

（3）把酒标朝向客人展示整瓶伏特加，向客人确认品牌；

（4）净饮。选用洛克杯并放在杯垫上，使用量酒器把伏特加按量直接倒入杯中，询问客人是否需要加入柠檬片并为客人夹入杯中；

加冰：选用洛克杯，在杯中放入1/3杯冰块，把杯子放在杯垫上，使用量酒器把伏特加按量直接倒入杯中，询问客人是否需要加入柠檬片并为客人夹入杯中。

混合软饮料：做法与威士忌相同。

（5）配送小食（花生、青豆仁等）；

（6）请客人慢慢品尝；

（7）把伏特加酒瓶放回工作台或酒柜上；

（8）当客人杯中伏特加剩余不多时，应及时询问客人是否续杯；

（9）及时撤下空杯子并清理吧台。

知识延伸

零杯伏特加出品服务时应注意事项

（1）正确选用杯子，杯子干净、无水渍、无破口；

（2）必须在客人面前量入酒水；

（3）必须使用量酒器；

（4）净饮与加冰时需询问客人是否加入柠檬。

想一想

伏特加还有其他服务方法吗？

还可以把整瓶伏特加提前放在冰箱中冷藏，服务时直接从冰箱中取出，倒入杯中即可。饮用不加冰的冷冻伏特加，再佐以鱼子酱，这样的搭配一直被公认为最完美的组合。

课后练习

一、简答题

什么是伏特加？

二、判断题

1.（　　）产自俄罗斯的Stolichnaya通常翻译成中文是绿牌伏特加。

2.（　　）产自日本的Smirnoff通常翻译成中文是三得利皇冠。

3.（　　）Stolichnaya是世界著名伏特加品牌。

4.（　　）甘蔗是发酵伏特加的主要原料。

5.（　　）市场上伏特加分为两大类：一类是无色无味的原味伏特加，另一类是加入各种香料的调香伏特加。

6.（　　）原味伏特加最大的特点是无色无味。

三、单项选择题

1．发酵伏特加的主要原料是（　　）。

A．豆类　　B．龙舌兰　　C．马铃薯　　D．甘蔗

2．产自俄罗斯的（　　）通常翻译成中文是绿牌伏特加。

A．Clock　　B．Moskovskaya

C．Rum　　D．Drambuie

3．伏特加之名源自俄语“Voda”，意译为（　　）。

A．生命之水　　B．圣洁之水　　C．可爱的水　　D．纯洁的水

4．调制“血玛丽”所使用的基酒是（　　）。

A．朗姆酒　　B．白兰地　　C．特基拉　　D．伏特加

任务导入　金酒是一种带香味的烈酒，正是酒中杜松子的清香味，深深吸引着世上万千酒迷。金酒有许多称呼，中国香港称为毡酒，中国台湾称为琴酒，又因其含有特殊的杜松子味道，所以又被称为杜松子酒。

任务9
金酒服务

学习目标

1．掌握金酒的定义；
2．了解金酒的生产工艺及其饮用方式；
3．熟记金酒常用品牌；
4．掌握金酒服务操作程序。

预备知识

金酒是以谷物为原料，经糖化、发酵后，加入杜松子蒸馏而成。金酒的主要原料包括稞麦、大麦芽、玉米等，加入的植物香料包括杜松子、胡荽、甘草、白芷根、柠檬皮、肉桂、当归、橘子皮等。

活动1　认识金酒

工作日记　鸡尾酒心脏

活动场地：酒店培训教室。
出场角色：酒水部陈经理。
情境回顾：酒水知识培训课上。

陈经理：“金酒有‘鸡尾酒心脏’的美称，是调制鸡尾酒使用最多的基酒。早在三百多年前，荷兰莱登大学西尔维斯（Doctor Sylvius）教授为帮助在东印度群岛活动的荷兰商人、海员及移民治疗一种肾病而首创了药用金酒。此酒具有利尿、清热的功效，当人们饮用后发现这种药酒香气和谐、口味非常特别，很快就被广为流传。

“后来，英国人从荷兰人身上学到了金酒的蒸馏技术，并根据区域口味的差异，把药味较重的荷兰金酒改变成更受世界各国酒迷所偏爱的清淡型金酒。”

角色任务：以实习生小徐的身份，学习金酒知识。

图3-99　波克马金酒

金酒的分类

金酒分有荷兰金酒和伦敦式干金酒两大类，前者产于荷兰，后者则是所有清淡型金酒的代名词，即其他区域或国家生产的清淡型金酒也可冠以伦敦式干金酒的美誉。

（1）荷兰金酒又被称为“Jenever”，因其药味重，所以只适合净饮，不宜调制鸡尾酒。著名品牌有波克马（Bokma）（图3-99）等。

（2）伦敦式干金酒（London Dry Gin）在酒类市场上最常见到，酒度40%Vol.左右，酒液无色透明，味道清香，既可以净饮，又可调酒使用。

知识延伸

常用伦敦式干金酒品牌

哥顿金酒（Gordon's）（图3-100）。

将军金酒（Beefeater）（图3-101）。

添加利金酒（Tanqueray）（图3-102）。

孟买金酒（Bombay）（图3-103）。

想一想

著名鸡尾酒中有哪些是以金酒为基酒调制的？

金酒是调制鸡尾酒使用最多的基酒，用它调制的鸡尾酒数不胜数，较为著名的有：红粉佳人（Pink Lady），金汤力（Gin Tonic），干马天尼（Dry Martin），百万富翁（Millionaire），新加坡司令（Singapore Sling）。

图3-100　哥顿金酒

图3-101　将军金酒

图3-102　添加利金酒

图3-103　孟买金酒

活动2　金酒出品服务

想一想

金酒为什么能浮在汤力水上面？

（1）金酒与汤力水兑和时，杯中的冰块起缓冲作用；

（2）金酒的比重比汤力水小，因此能浮在汤力水上面。

工作日记　醉酒的趣事

活动场地：酒店大堂酒吧。

出场角色：实习生小徐（我）、领班小李。

情境回顾：工作中的一段对话。

小徐（我）："小李，我给你讲一件趣事。昨天，我和朋友到西餐酒吧吃午饭并点了一杯鸡尾酒'金汤力'。或许是口渴吧，见一杯无色透明的饮品送上来后，我的朋友便迫不及待地喝了一口，之后还说味道怪怪的。晚上，朋友来电话，问为什么他只喝了一点点酒，整个下午却晕晕的，有醉酒的感觉。原来调酒师是用兑和法给我调制了这杯'金汤力'，而我的朋友不知道金酒和汤力水由于比重的原因，没有用搅棒搅匀就饮了浮在上面的金酒而醉倒了。"

小李："哈哈……"

角色任务：以实习生小徐的身份，学习零杯金酒在吧台上的出品服务。

在吧台上零杯金酒出品服务程序（与威士忌出品服务程序相同）

当客人点金酒后，按以下程序为客人提供零杯服务：

（1）询问客人饮用金酒的方式（净饮、加冰或混合软饮料）；

（2）把杯垫摆放在靠近客人右手的吧台上，杯垫图案朝向客人；

（3）把酒标朝向客人展示整瓶金酒，向客人确认品牌；

（4）净饮。选用洛克杯并放在杯垫上，使用量酒器把金酒按量直接倒入杯中，询问客人是否需要加入柠檬片并为客人夹入杯中；

加冰：选用洛克杯，在杯中放入1/3杯冰块，把杯子放在杯垫上，使用量酒器把金酒按量直接倒入杯中，询问客人是否需要加入柠檬片并为客人夹入杯中。

混合软饮料：做法与威士忌相同。

（5）配送小食（花生、青豆仁等）；

（6）请客人慢慢品尝；

（7）把金酒酒瓶放回工作台或酒柜上；

（8）当客人杯中金酒剩余不多时应及时询问客人是否续杯；

（9）及时撤下空杯子并清理吧台。

知识延伸

零杯金酒出品服务时应注意事项

（1）正确选用杯子，杯子干净、无水渍、无破口；

（2）必须在客人面前量入酒水；

（3）必须使用量酒器；

（4）净饮与加冰时需询问客人是否加入柠檬。

课后练习

单项选择题

1．世界著名的六大蒸馏酒是（　　）、伏特加、朗姆酒和特基拉酒。

A．雪利酒、威士忌、白酒

B．白兰地、威士忌、金酒

C．白兰地、金酒、白酒

D．白酒、利口酒、金酒

2．产自英国的（　　）翻译成中文是哥顿金酒。

A．Beefeater　　B．Bombay

C．Gordon's　　D．Tanqueray

3．Gordon's、Beefeater均是世界著名的（　　）品牌。

A．白兰地　　B．金酒

C．威士忌　　D．特基拉

4．鸡尾酒“金汤力”是用（　　）调制的。

A．金酒、汤力水　　B．金酒、巴黎水

C．金酒、矿泉水　　D．金酒、苏打水

任务导入 西餐进餐时，讲究菜式与酒的搭配。餐前酒，顾名思义是餐前饮用酒，目的是增进食欲，所以又被称作开胃酒。

西餐厅里固然有餐前酒提供，但不少客人更喜欢选择在酒吧的“欢乐时光”段消费（一般是17点到20点，所有酒水打折销售），品尝一两杯餐前酒后再到别的餐厅就餐。

任务10 餐前酒服务

学习目标

1. 掌握餐前酒的定义；
2. 了解餐前酒的生产工艺及其饮用方式；
3. 熟记餐前酒常用品牌；
4. 掌握餐前酒服务操作程序。

预备知识

餐前酒（Aperitifs）也称开胃酒，是餐前饮用的酒品，具有生津、开胃、增进食欲的功效，通常以葡萄酒或某些蒸馏酒为基酒，加上能刺激胃液分泌的植物材料配制而成。著名产地是意大利。

餐前酒主要分为三类：味美思、比特酒和茴香酒。

活动1 认识餐前酒

工作日记 美酒与美食的搭配

活动场地：酒店培训教室。

出场角色：实习生小徐（我）、酒水部陈经理。

情境回顾：酒水知识培训课上。

陈经理：“在西餐厅点餐前，服务人员通常会先请你点饮料。饮料并不是非点不可，但对于等待上菜及在营造进餐气氛方面是非常有必要的。而餐前酒则不只是为了打发等待上菜的时间，它还能够轻微地刺激胃液分泌，以增进食欲，让品尝的食物更加美味。”

小徐（我）：“不会喝酒的人也应该点餐前酒吗？”

陈经理：“不勉强，但也不建议点果汁类饮料，因为果汁类饮料富含糖分，餐前饮用会影响食欲。我认为矿泉水倒是个不错的选择。”

角色任务： 以实习生小徐的身份，学习餐前酒知识。

图3-104　干马天尼

图3-105　白马天尼

图3-106　红马天尼

图3-107　白仙山露

图3-108　安哥斯特拉苦精 图3-109　金巴利

一、味美思（Vermouth）

味美思又称作苦艾酒，是以葡萄酒为基酒，再配上苦艾等多种药材混合制成的加味葡萄酒，酒精含量为17% ~ 20%Vol.，是最受欢迎的开胃酒。

味美思按其含糖量与颜色分为：

Dry（干）—— 不含糖分或糖分极少，颜色为浅黄色；

Bianco（白）—— 有甜味，颜色为金黄色；

Rosso（红）—— 有明显的甜味，颜色为红棕色。

常用味美思的品牌有：

马天尼（Martini）（图3-104、图3-105、图3-106）。

仙山露（Cinzano）（图3-107）。

二、比特酒（Bitter）

比特酒是用葡萄酒或某些蒸馏酒加入植物根茎和药材配制而成，酒精含量范围较广，从18% ~ 49%Vol.均有。

常用比特酒的品牌有：

安哥斯特拉苦精（Angostura）（图3-108）。

金巴利（Campari）（图3-109）。

杜本纳（Dubonnet）（图3-110）。

三、茴香酒（Anise）

茴香酒是以纯食用酒精或蒸馏酒作为基酒，加入茴香油或甜型大茴香子制成。茴香油是从青茴香和八角茴香中提炼出来的，一般含有苦艾素。

茴香酒中以法国产品较为著名。茴香味浓厚，味重而刺激，酒度在25%Vol.左右。

常用茴香酒的品牌有：

潘诺（Pernod）（图3-111）。

图3-110　杜本纳

图3-111　潘诺

知识延伸

一、鸡尾酒干马天尼与马天尼牌味美思

鸡尾酒“干马天尼”于1910年在纽约尼卡波卡酒店由一名叫马天尼的调酒师首创。

马天尼牌味美思创制者是意大利的亚力山德罗马天尼（Alessandro Martini）。

想一想

著名的餐前鸡尾酒干马天尼由哪些酒水原料组成？

金酒、味美思、柠檬和橄榄。

二、安哥斯特拉比特酒

“Angostura Bitters”是1828年在委内瑞拉一个名叫“Angostura”的小镇里，由英国陆军军医T. G. B西格先生所研制的一种餐前酒。

活动2　餐前酒出品服务

工作日记　另类餐前饮品

活动场地：酒店大堂酒吧。

出场角色：实习生小徐（我）、领班小李。

情境回顾：工作中的一段对话。

小徐（我）：“餐前酒一定就是味美思、比特酒和茴香酒三大类吗？”

小李：“从理论上来讲，的确如此。不过，在实际工作中我发现客人们更愿意选择以下的饮品来代替常规的餐前酒：

雪利酒（Sherry）——西班牙产的强化葡萄酒。其中干性雪利酒（Dry Sherry）是人气最高的餐前酒，饮用前需在冰箱中连瓶冷冻；

巴黎矿泉水——法国产的含气矿泉水；

香槟或汽酒——含气葡萄酒；

餐前鸡尾酒——基尔（Kir）、金巴利苏打（Campari Soda）、含羞草（Mimosa）。"

小徐（我）："那您会选择哪一款作为餐前酒呢？"

小李："都可以！你想想看，在西餐厅里，一边饮着餐前酒，一边选择菜单中的菜式，难道不是一种享受吗？"

角色任务： 以实习生小徐的身份，学习零杯餐前酒在吧台上的出品服务。

在吧台上零杯餐前酒出品服务程序

当客人点餐前酒后，按以下程序为客人提供零杯服务：

（1）询问客人饮用餐前酒的方式（净饮、加冰或混合软饮料）；

（2）把杯垫摆放在靠近客人右手的吧台上，杯垫图案朝向客人；

（3）把酒标朝向客人展示整瓶餐前酒，向客人确认品牌；

（4）净饮。首先将鸡尾酒杯预冷，放在杯垫上，然后把餐前酒按量倒入已加入冰块的调酒杯中，用吧勺搅拌10秒钟后，用滤冰器过滤酒液入鸡尾酒杯中，询问客人是否需要加入柠檬片并为客人夹入杯中；

加冰：选用洛克杯，在杯中放入1/3杯冰块，把杯子放在杯垫上，使用量酒器把餐前酒按量直接倒入杯中，询问客人是否需要加入柠檬片并为客人夹入杯中。

混合软饮料：做法与威士忌相同。

（5）配送小食（花生、青豆仁等）；

（6）请客人慢慢品尝；

（7）把餐前酒酒瓶放回工作台或酒柜上；

（8）当客人杯中餐前酒剩余不多时应及时询问客人是否续杯；

（9）及时撤下空杯子并清理吧台。

知识延伸

一、零杯餐前酒出品服务时应注意事项

（1）正确选用杯子：净饮用鸡尾酒杯，加冰用洛克杯，杯子要求干净、无水渍、无破口；

（2）必须在客人面前量入酒水；

（3）必须使用量酒器；

（4）净饮与加冰饮用时需询问客人是否加入柠檬；

（5）茴香酒饮用时一般需要加冰加水稀释。

二、著名餐前鸡尾酒的主要成分

基尔（Kir）——以干白葡萄酒加上黑加仑子酒调制而成。

金巴利苏打（Campari Soda）——以苏打水加金巴利酒调制成。

含羞草（Mimosa）——以香槟加上橙汁调制而成。

金汤力（Gin Tonic）——以汤力水加金酒调制而成。

干马丁尼（Dry Martini）——以金酒和味美思调制而成。

想一想

餐前鸡尾酒有哪些特点？

餐前鸡尾酒一般含糖分较少，口味偏酸，酒性干烈，和餐前酒一样，具有生津开胃的作用。

课后练习

一、判断题

1.（　　）Vermouth、Campari Bitter、Dubonnet及Perno等加冰块或苏打水稀释，都可作餐前酒饮用。

2.（　　）餐前酒（Pre-Dinner Drinks）又称为开胃酒（Aperitif）。

二、单项选择题

1. 餐前鸡尾酒通常（　　）。

A. 含糖分较少，口味或酸或干烈　B. 口味极其甜腻

C. 不含酒精　D. 以果汁为主

2. 产自法国的（　　）通常翻译成中文是潘诺。

A. Kee　B. Cool Anny　C. Pernod　D. Doom

任务导入 利口酒又被称为餐后甜酒。顾名思义，是在餐后饮用的酒。利口酒入口香甜，餐后饮用可帮助消化。至于配方及酿造过程，不同的地区生产工艺自然也有所区别。利口酒香味的来源主要是药草、香料、水果等原料。

利口酒的种类数以千计，在酒的类别中可以说是品种与品牌最多的。此类酒品作为调制鸡尾酒的辅料被广泛使用。

任务11 利口酒服务

学习目标

1. 掌握利口酒的定义；
2. 了解利口酒的生产工艺及其饮用方式；
3. 熟记利口酒常用品牌；
4. 掌握利口酒服务操作程序。

预备知识

利口酒又称为香甜酒，是一种含酒精的饮料，由烈酒如白兰地、威士忌、朗姆酒、金酒、伏特加或食用酒精加入一定的加味材料如果皮、香料，经过蒸馏、浸泡、熬煮等过程而成，成品香甜腻人，其颜色、味道和品牌是外国酒类别当中最多的。

制作方法有三类：

（1）蒸馏法。有两种方式，一种是将原料浸泡在烈酒中，然后一起蒸馏；另一种是将原料浸泡后，取出原料，仅用浸泡过的汁液蒸馏。蒸馏出来的酒液再添加糖和色素。

（2）浸泡法。将原料浸泡在烈酒或加了糖的烈酒中，最后过滤原料而成。

（3）混合法。将天然或合成的香料香精直接加入烈酒中，以增加酒的香味、色泽与甜味。

活动1　认识利口酒

工作日记　色彩丰富的利口酒

活动场地：酒店大堂酒吧。

出场角色：实习生小徐（我）、领班小李。

情境回顾：工作中的一段对话。

小徐（我）："在酒的类别中，利口酒的品种、品牌是否最多？"

小李："是的，而且颜色也非常丰富。"

小徐（我）："利口酒在调制的鸡尾酒中起什么作用？"

小李："丰富色彩和层次，调缓酒性和平衡味道。"

小徐（我）："用利口酒调制的鸡尾酒中，最为经典的是什么品种？"

小李："彩虹类起层鸡尾酒！"

角色任务：以实习生小徐的身份，学习利口酒知识。

常见利口酒的品种（表3-17）

表3–17　常见利口酒的品种

英文酒名	中文酒名	特征	图示
Advocaat	鸡蛋白兰地	用鸡蛋和白兰地制成的荷兰利口酒	图3–112
Amaretto	杏仁酒	用杏或李子作为基本原料生产而成的意大利甜酒	图3–113
Apricot Brandy	杏子白兰地	杏味水果白兰地利口酒	图3–114
Baileys	百利甜酒	以爱尔兰威士忌和牛奶香精调配成的奶味利口酒	图3–115
Chambord	香博甜酒	以干邑白兰地、覆盆子为原料制成的法国利口酒	图3–116
Cherry Brandy	樱桃白兰地	樱桃味水果白兰地利口酒	图3–117
Cointreau	君度酒	法国著名Triple Sec Curacaos橙味利口酒之一	图3–118
Creme de Banana	香蕉酒	把香蕉浸泡在烈性酒中生产而成的利口酒	图3–119
Creme de Kiwi	奇异果酒	带有奇异果味道的利口酒，酒液呈绿色	图3–120
Creme de Lychee	荔枝酒	带有荔枝味道的利口酒，酒液无色透明	图3–121
Creme de Melon	蜜瓜酒	带有蜜瓜味道的利口酒，酒液呈绿色	图3–122
Creme de Strawberry	草莓酒	带有草莓味道的利口酒，酒液呈红色	图3–123
Creme de Cacao	可可酒	带有可可、香子兰味道的利口酒，分黑白两种颜色	图3–124
Creme de Cassis	黑加仑子酒	带有黑加仑子味道的利口酒，酒液呈棕黑色	图3–125
Crème de Menthe	薄荷酒	用薄荷油而成的利口酒，分有绿白两种颜色	图3–126
Blue Curacao	蓝橙酒	蓝色的橙味古拉索甜酒	图3–127

续表

英文酒名	中文酒名	特征	图示
Drambuie	蜜糖甜酒	用苏格兰威士忌和蜂蜜制成的利口酒	图3-128
Frangelico	榛子甜酒	用榛子、咖啡、可可等香料制成的利口酒	图3-129
Galliano	嘉利安露酒	金黄色的香草利口酒，意大利米兰生产	图3-130
Grand Marnier	金万利酒	以干邑为基本原料制成的法国古拉索甜酒	图3-131
Kahlua	甘露咖啡酒	墨西哥咖啡利口酒	图3-132
Malibu	椰子甜酒	在白朗姆酒中添椰子味香精的利口酒	图3-133
Maraschino	野樱桃酒	用马拉斯加樱桃核调香蒸馏而成的意大利利口酒	图3-134
Parfait Amour	紫罗兰酒	用柑橘、花瓣香精为原料制成的甜酒，酒液呈紫色	图3-135
Peach Schnapps	蜜桃酒	最好的水蜜桃味利口酒品牌，酒液无色透明	图3-136
Sambuca	森柏加酒	用茴香、甘草制成的意大利利口酒	图3-137
Tia Maria	添万利酒	以朗姆酒、咖啡香精调制而成的牙买加利口酒	图3-138
Triple Sec	干橙酒	无色透明的古拉索酒	图3-139

图3-112
鸡蛋白兰地

图3-113
杏仁酒

图3-114
杏子白兰地

图3-115
百利甜酒

图3-116
香博甜酒

图3-117
樱桃白兰地

图3-118
君度酒

图3-119
香蕉酒

图3-120
奇异果酒

图3-121
荔枝酒

图3-122
蜜瓜酒

图3-123
草莓酒

图3-124
可可酒

图3-125
黑加仑子酒

图3-126
薄荷酒

图3-127
蓝橙酒

图3-128
蜜糖甜酒

图3-129
榛子甜酒

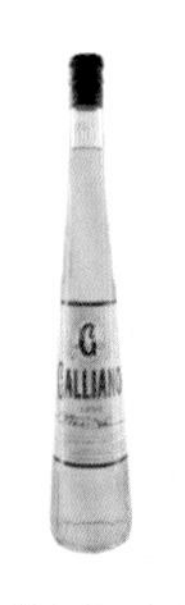

图3-130
嘉利安露酒

图3-131
金万利酒

图3-132
甘露咖啡酒

图3-133
椰子甜酒

图3-134
野樱桃酒

图3-135
紫罗兰酒

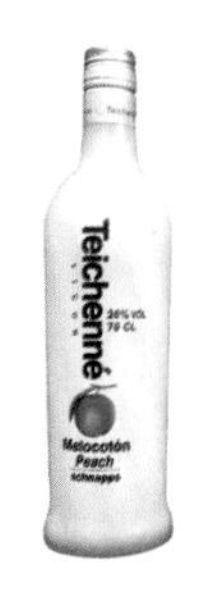

图3-136
蜜桃酒

图3-137
森柏加酒

图3-138
添万利酒

图3-139
干橙酒

知识延伸

“Curacao”是什么？

古拉索酒，一种用白兰地、糖和橘皮制成的利口酒，产自委内瑞拉附近的古拉索岛。该名称泛指所有橙味利口酒，有多种颜色，如蓝色的Blue Curacao。如果将古拉索甜酒再经过蒸馏补甜，便可制成干橙酒（Triple Sec Curacao）。

想一想

哪些利口酒净饮更受客人欢迎？

咖啡酒、可可酒、百利甜酒、君度酒等。

活动2　利口酒出品服务

工作日记　加冰饮用的利口酒

活动场地：酒店大堂酒吧。

出场角色：实习生小徐（我）、领班小李。

情境回顾：工作中的一段对话。

小徐（我）：“为什么利口酒加冰饮用口感特别好？”

小李：“利口酒一般都比较甜腻，加冰饮用可稀释糖度；同时因为饮用温度低，味觉敏感度变得相对迟钝，此时饮用甜度适中，口感当然也就特别好了。”

小徐（我）：“我知道了。就如冷冻后的啤酒，苦味会自然消减，这也是和饮用温度有关，对吗？”

小李：“非常正确！”

角色任务：以实习生小徐的身份，学习零杯利口酒在吧台上的出品服务。

在吧台上零杯利口酒出品服务程序

当客人点利口酒后，按以下程序为客人提供零杯服务：

（1）询问客人饮用利口酒的方式（净饮、加冰或混合软饮料）；

（2）把杯垫摆放在靠近客人右手的吧台上，杯垫图案朝向客人；

（3）把酒标朝向客人展示整瓶利口酒，向客人确认品牌；

（4）净饮。选用利口酒杯并放在杯垫上，使用量酒器把利口酒按量直接倒入杯中；

加冰：选用洛克杯，在杯中放入1/3杯冰块，把杯子放在杯垫上，使用量酒器把利口酒按量直接倒入杯中。

混合软饮料：以利口酒为辅料调制的鸡尾酒。

（5）配送小食（花生、青豆仁等）；

（6）请客人慢慢品尝；

（7）把利口酒酒瓶放回工作台或酒柜上；

（8）当客人杯中利口酒剩余不多时应及时询问客人是否续杯；

（9）及时撤下空杯子并清理吧台。

知识延伸

一、零杯利口酒出品服务时应注意事项

（1）正确选用杯子：净饮用利口酒杯或短杯，加冰用洛克杯，杯子要求干净、无水渍、无破口；

（2）必须在客人面前量入酒水；

（3）必须使用量酒器。

二、两个关于利口酒的故事

1. 君度（Cointreau）

君度是柑橘类利口酒中的名牌酒。它最初使用“Triple Sec”为商标，后来因为其他厂商也纷纷采用这个标志，所以市场上“Triple Sec”的类似品到处泛滥，最后只好改用公司名字作酒名了。

以往，在君度酒瓶后面所贴的标志上面写着：“此酒可以强精补肾。”但是，如今已经取消了，虽然酒瓶上不再标榜它有哪些效用，但其强精补肾的作用对部分法国人来说仍旧深信不疑，所以它又成为法国最著名的睡前酒。

2. 金万利（Grand Marnier）

这是巴黎的“Marnier”公司制造的。该公司创立于1827年。金万利使用最高级的干邑白兰地为基酒，再配以最高级的柑橘皮和其他材料制成。在金万利瓶颈上的饰带颜色分为黄、红两种，对制造利口酒的“Marnier”公司来说：黄带表示柑橘白兰地，而红带则表示最高级的柑橘类利口酒。

想一想

不加冰，净饮利口酒用什么杯子装？其容量规格分几种？

对利口酒进行净饮出品服务时，酒店、西餐厅一般会选用标准利口酒杯为载杯，而某些酒吧则会选用短杯为载杯。无论是利口酒杯或短杯（子弹杯），其容量规格均分为1 oz和2 oz两种。

课后练习

单项选择题

1．产自意大利的（　　）翻译成中文是嘉利安露酒。

A．Cutty Wine　　B．Bourbon

C．Irish Kin　　D．Galliano

2．原产于南斯拉夫的（　　）翻译成中文是野樱桃酒。

A．Sugar cane　　B．Maraschino

C．Orange　　D．Apple

3．产自荷兰的（　　）翻译成中文是鸡蛋白兰地。

A．Clock　　B．Advocaat

C．Dun　　D．Drambuie

模块四

我能按配方准确调制鸡尾酒

任务导入

什么叫做鸡尾酒呢？简单地说，鸡尾酒就是由多种饮料混合调制而成含有酒精的饮料，一种色、香、味、形俱佳的艺术酒品。

鸡尾酒的由来，民间一直流传有很多不同的说法。一种说法是18世纪时，美国某饭店老板承诺：最先找到火鸡的人，就将女儿嫁给他。并在庆祝的酒会中，将各种酒类混合，以火鸡的尾毛装饰，故称之鸡尾酒。另一种说法是一群海军来到墨西哥的一家酒吧，见有个男孩以小树枝搅拌需要混合的酒，就问在搅拌什么，男孩误以为是问树的名称，便说出树名“Cocktail”，结果就出现了鸡尾酒这种叫法。

事实上，在鸡尾酒一词产生之前，鸡尾酒已经流传很久了，如古埃及就已经在啤酒中加入蜂蜜或椰子汁来饮用；在古希腊及古罗马时代，曾在葡萄酒中加入果汁或海水稀释后饮用。而今天的鸡尾酒则是在1875年制冰机发明后才产生的，因制冰机的发明，人们在任何时候都可调制出冰镇鸡尾酒了。

经典的鸡尾酒是一种量少而性烈的冰镇混合饮料，发展至今，它的范围已经变得更为广泛。

任务1
认识调酒的四种基本方法

学习目标

1. 掌握鸡尾酒的定义及基本结构；
2. 知道鸡尾酒配方中容量标记符号的含义及相互间换算方法；
3. 掌握鸡尾酒调制方法的含义，并能实际运用；
4. 能按标准进行操作，熟记操作要求。

预备知识

1. 鸡尾酒的定义

鸡尾酒英文名称为Cocktail，是以蒸馏酒为基酒，再配以果汁、汽水、利口酒等辅料调制而成的，是一种色、香、味、形俱佳的艺术酒品。

《韦氏辞典》对鸡尾酒所下的定义是：鸡尾酒是一种量少而冰镇的酒。它是以朗姆酒、威士忌、其他烈酒或葡萄酒为基酒，配以其他材料，如果汁、蛋、苦精、糖，以搅和法或摇和法调制而成，再饰以柠檬片或薄荷叶。

2. 鸡尾酒的基本结构

鸡尾酒的基本结构是由基酒、辅料和装饰物三部分组成。

基酒。以烈性酒为主，包括金酒、威士忌、白兰地、伏特加、朗姆酒、特基拉等，葡萄酒、啤酒、清酒等低度酒也可做基酒。

辅料。辅料指搭配的酒水、各类软饮料和调味品等材料，又称调缓材料，它可使鸡尾酒形成苦、辣、酸、甜、咸等不同的口味并可缓和基酒的酒精浓度，增添鸡尾酒的色彩。

装饰物。鸡尾酒的装饰对创造酒品的整体风格和整体艺术效果，增强酒品的外在魅力起着重要的作用，可根据鸡尾酒的名称、颜色和味道进行装饰，如鸡尾酒“红粉佳人”则是根据名称和颜色饰以红樱桃。

3. 鸡尾酒的分类

鸡尾酒的种类很多，分类方法也不尽相同，而最常见的分类方法则是根据鸡尾酒的饮用特点来进行分类：

长饮（Long Drink）。是用烈酒、果汁、汽水等混合调制，酒精含量较低，是一种较为温和的酒品，饮用温度可保持一段较长的时间，消费者可慢慢饮用，故称为长饮。

短饮（Short Drink）。是一种酒精含量高、分量较少的鸡尾酒，饮用时通常可以一饮而尽，不必耗费太多的时间，如马天尼、曼哈顿均属此类。

4. 鸡尾酒的调制方法

鸡尾酒调制的基本方法共有四种，分别是：搅和法、兑和法、调和法、摇和法。调制饮品时，这四种方法既可单独使用又可组合使用。根据制作品种的要求，这四种方法从中又可细分出起层、冲倒、调和与滤冰、连冰调和、调和与起层、机器调和（Mix）等手法。

5. 调制鸡尾酒中的倒酒步骤

取瓶。把酒瓶从操作台上取到手中的过程。取瓶一般有从左手传到右手或从下方传到上方两种情形。用左手拿住瓶颈部传到右手上，用右手拿住瓶的中间部位，或直接用右手从瓶的颈部上提至瓶中间部位。要求动作快、稳。

示瓶。即把酒瓶展示给客人。用左手托住瓶下底部，右手拿住瓶颈，以60°角把酒标面向客人。取瓶到示瓶应是一个连贯的动作。

开瓶。用右手拿住瓶身，左手中指逆时针方向拧开酒瓶盖，并用左手无名指和小手指夹起瓶盖存于掌心。开瓶是英式调酒过程的重要环节。

量酒。开瓶后立即用左手拇指、食指与中指夹起量杯，两臂略微抬起呈环抱状，把量杯放在靠近调酒用具的正前方，弯腰将酒倒入量杯，倒满后收瓶，同时将酒倒进所用的调酒用具中，放下量杯，站直身体，用左手拇指顺时针方向盖瓶盖，酒瓶复位。

活动1　搅和法操作程序

工作日记　做好调制鸡尾酒的心理准备

活动场地：音乐酒吧。

出场角色：实习生小徐（我）、领班小王。

情境回顾：我在酒店大堂酒吧工作已大半年时间了，由于对酒吧的营业运作开始熟悉，因此，陈经理安排我从今天开始到音乐酒吧上晚班，下午6点钟到岗。

近段时间，在陈经理和小李等同事的悉心教导下，虽然对部分鸡尾酒已能独立调制，但其中深层次的知识我依然是一知半解。不过我相信只要通过不懈的努力一定会得到提升……

小王："小徐，欢迎你来到音乐酒吧上班，你可要有心理准备，因为音乐酒吧里客人很多，工作会很忙。"

小徐（我）："是的，我做好准备了。"

小王："我经常听到小李对你的称赞，说你有悟性、勤快。那好，我有个问题也想与你探讨，说起鸡尾酒，你会联想到什么？"

小徐（我）："首先是酒吧里热闹的气氛，然后是调酒师像变魔术一样瞬间把鸡尾酒呈现在客人面前，接着就是鸡尾酒那种奇妙的味道。"

小王："看来，你的想象力还挺丰富的。对，你说得很正确，我们的服务就是要让客人感受到酒吧里的气氛和专业服务。"

角色任务：请以实习生小徐的身份认真学习搅和法的操作程序。

一、搅和法（Blending）

把酒水与碎冰按配方规定的量放进电动搅拌机中，利用高速旋转的刀片将原料充分搅碎混合。此法适用于以水果、雪糕等固体原料调味或为达到产生泡沫、冰沙等效果的饮品。

二、操作实例

椰林飘香（Pina Colada）

特点：口感润滑，椰子味与奶香味相互辉映，饮后令人舒畅怡神。

项目	名称	用量	参考图
原料	白朗姆酒（Light Rum）	1 oz	
	椰冧（Malibu）	1/2 oz	
	椰奶（Coconut Milk）	1 oz	
	菠萝汁（Pineapple Juice）	2 oz	
	新鲜菠萝肉（Fresh Pineapple）	50 g	
	白糖浆（Sugar Syrup）	1/2 oz	
	重忌廉（淡）（Heavy Cream）	1 oz	
	碎冰（Crushed Ice）	1 scoop	
酒杯	飓风杯（Hurricane Cocktail Glass）	1个	
装饰	菠萝角（Pineapple Wedge）、菠萝叶（Pineapple Leaf）、樱桃挂杯（Cherry）	1套	
酒精指数（Alcohol Index）：★★☆☆☆			
口感指数（Dainty Index）：★★★★☆			

三、工具准备

工具准备：搅拌机、碎冰机、量酒器、吧匙、冰铲、冰桶、塑料砧板、刀、果签、短搅棒、短吸管、电源及插座、杯垫、洁布等。

搅和法制作椰林飘香

四、搅和法操作程序

（1）整理个人仪容仪表［图4-1（a）］；

（2）检查酒水、配料和装饰物原料是否备齐，检查工具与载杯是否备齐并已清洁干净［图4-1（b）］；

（3）举手示意开始操作［图4-1（c）］；

（4）制作装饰物和混合原料［图4-1（d）］；

（5）对光检查载杯的清洁情况，包括有无指纹、口红、裂痕等［图4-1（e）］；

（6）把冰块放进碎冰机中打成碎冰［图4-1（f）］；

（7）从搅拌机上取下搅拌杯，打开杯盖，加入碎冰［图4-1（g）］；

（8）向客人逐一展示所需酒水原料，并按配方规定的量依次放入搅拌杯中［图4-1（h）］；

（9）盖上杯盖，把搅拌杯放回搅拌机机座上，启动开关约10秒，关闭开关［图4-1（i）］；

（10）待马达停止后提起搅拌杯，打开杯盖并把已混合好的成品倒入载杯中［图4-1（j）］；

（11）把搅拌杯放到一旁待清洗，在载杯口挂上已制作好的装饰物［图4-1（k）］；

（12）插入吸管与搅棒［图4-1（l）］；

（13）把整杯成品放在杯垫上并在杯旁做一个请的手势，酒水原料归位、清洗工具，最后整理吧台完成操作［图4-1（m）］。

（a） （b） （c） （d） （e） （f） （g） （h） （i） （j） （k） （l） （m）

图4-1　搅和法操作程序

知识延伸

一、搅和法操作程序中应注意事项

（1）严格按照配方规定的量调制鸡尾酒；

（2）酒杯要擦干净，取杯时只能拿酒杯的下部；

（3）水果装饰物要选用新鲜的水果，切好后用饰物盒装好；隔夜的水果装饰物不能使用；固体原料要经刀工处理切成1～2cm见方的颗粒；

（4）不要用手去接触酒水、冰块、杯边或装饰物；

（5）使用量酒器量入酒水；

（6）使用碎冰；

（7）电动搅拌机开启前要加盖；

（8）出品后要马上清洗搅拌杯，避免产生异味；

（9）搅和法一般选用10 oz以上的杯具；

（10）搅拌时间为5至10秒；

（11）调制好的鸡尾酒要立即倒入杯中；

（12）做好个人及工作区域卫生并注意用电安全。

想一想

使用搅拌机时应注意哪些事项？

（1）使用前后均要清洗搅拌杯；

（2）搅拌时间不宜过长；

（3）使用中途，机器未停止时，不能将搅拌杯移开；

（4）使用后应立即清洗干净并擦干；

（5）下班前应断掉电源；

（6）尽量使用碎冰或小冰块；

（7）不搅拌有硬核的水果；

（8）不可加入有气的饮料；

（9）定期保养。

二、“Pina Colada”的由来

Pina Colada于1954年由波多黎各加勒比希尔顿酒店的调酒师Ramon Monchito Marrero所创。最早的Pina Colada只混合菠萝一种果汁，后来才添加了椰浆等配料完善了配方，对此就不难理解“Pina Colada”的含义了：Pina——菠萝，Colada——浆液。

活动2　兑和法操作程序

工作日记　调酒师扮演的角色

活动场地：音乐酒吧。

出场角色：实习生小徐（我）、领班小王。

情境回顾：工作中的一段对话。

小王："知道吗？调酒师在工作中必须同时扮演两个角色：饮品的制作者和服务员。营业中，调酒师们都会默契合作，扮演适当的角色。"

小徐（我）："您的意思是说，作为调酒师应不断地进行角色转换。"

小王："非常聪明！调酒师的服务越使客人印象深刻，客人再次光临的概率也就越大。调酒师的成功与否，往往更集中在客人群的多寡、能否受客人欢迎上。如果客人是因为你而再次来到酒吧消费，你会特别有满足感。小徐，来吧，让我们一起享受角色转换的工作乐趣吧！"

角色任务：请以实习生小徐的身份认真学习兑和法的操作程序。

一、兑和法（Building）

制作鸡尾酒时，把酒水原料按次序倒进杯子里，用吧匙略为搅拌后可直接品尝。这种直接倒进杯里的做法，偶尔也会产生分层或渐变色效果（图4-2）。

这种调饮方法更适用于较易混合的酒水原料，如烈酒勾兑软饮料。

（a）

（b）

图4-2 兑和法

二、起层法（Layering）

起层法根据各种酒水之间的比重不同，使用吧匙把酒水缓缓倒入杯中，从而产生叠层效果（图4-3）。

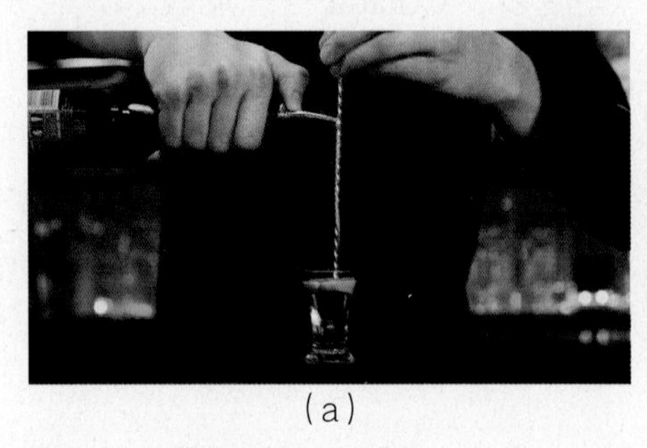

（a）

（b）

图4-3 起层法

三、操作实例

1. 美国佬（Americano）

特点：入口时稍有苦味，回味有芳香的味道，加上清爽的苏打水，轻松自由。

项目	名称	用量	参考图
原料	金巴利（Campari）	1 oz	
	甜味美思（Sweet Vermouth）	1/2 oz	
	苏打水（Soda Water）	1杯	
酒杯	12 oz柯林杯（Collins）	1个	
装饰	柠檬油（Lemon Twist）	适量	
制法：兑和法（Building）			
酒精指数（Alcohol Index）：★★☆☆☆			
口感指数（Dainty Index）：★★★☆☆			

兑和法操作实例

2. 彩虹鸡尾酒（Pousse Café）

项目	名称	用量	参考图
原料	红糖浆（Grenadine Syrup）	4 mL	
	咖啡酒（Kahlua）	4 mL	
	绿薄荷酒（GET 27）	4 mL	
	蓝橙酒（Blue Curacao）	4 mL	
	紫罗兰酒（Parfait Amour）	4 mL	
	伏特加（Vodka）	4 mL	
	百加得151（Bacardi 151）	4 mL	
酒杯	1 oz子弹杯（Shooter Glass）	1个	
制法：起层法（Layering）			
酒精指数（Alcohol Index）：★★★☆☆			
口感指数（Dainty Index）：★★★☆☆			

3. 天堂里的彩虹（Rainbow in Paradise）

项目	名称	用量	参考图
原料	红糖浆（Grenadine Syrup）	10 mL	
	冰粒（Ice Cubes）	6粒	
	橙汁（Orange Juice）	40 mL	
	金巴利酒（Campari）	15 mL	
	绿薄荷酒（GET 27）	15 mL	
	伏特加（Vodka）	10 mL	
	柠檬汁（Lemon Juice）	5 mL	
	墨西哥烈酒（Tequila）	15 mL	
	柠檬汁（Lemon Juice）	20 mL	
	伏特加（Vodka）	30 mL	
	蓝橙酒（Blue Curacao）	5 mL	
	荔枝甜酒（Lychee Liqueur）	15 mL	
酒杯	鸡尾酒杯（Cocktail Glass）	1个	
制法：调和法、摇和法、起层法（Stirring & Shaking & Layering）			
酒精指数（Alcohol Index）：★★★☆☆			
口感指数（Dainty Index）：★★★★☆			

4. 彩虹杯（Rainbow Shots）

项目	名称	用量	参考图
原料	红石榴糖浆（Grenadine Syrup）	60 mL	
	百香果杧果混合汁（Passion Fruit & Mango Juice Mix）	320 mL	
	伏特加（Vodka）	75 mL	
	蓝橙酒（Blue Curacao）	30 mL	
酒杯	子弹杯（Shooter Glass）	1个	
制法：兑和法（Building）			
酒精指数（Alcohol Index）：★★★☆☆			
口感指数（Dainty Index）：★★★☆☆			

四、工具准备

起层法：量酒器、吧匙、水杯、杯垫、洁布等。

兑和法：量酒器、冰铲、冰桶、塑料砧板、刀、搅棒、吸管、杯垫、洁布等。

五、起层法操作程序

（1）整理个人仪容仪表［图4-4（a）］；

（2）检查酒水、配料和装饰物原料是否备齐；检查工具与载杯是否备齐并已清洁干净［图4-4（b）］；

（3）举手示意开始操作［图4-4（c）］；

（4）对光检查载杯的清洁情况，包括有无指纹、口红、裂痕等［图4 4（d）］；

（5）向客人展示所需酒水原料［图4-4（e）］；

（6）使用量酒器按配方份量依次直接往杯里倒入不同比重的酒水原料［图4-4（f）］；

（7）右手拿吧匙，左手把要起层的酒水经吧匙缓缓流入载杯中，产生分层效果［图4-4（g）］；

（8）把整杯成品放在杯垫上并在杯旁做一个请的手势；举手示意操作完毕；酒水原料归位、清洗工具，最后整理吧台完成操作［图4-4（h）］。

图4-4　起层法操作程序

六、兑和法操作程序

（1）整理个人仪容仪表［图4-5（a）］；

（2）检查酒水、配料和装饰物原料是否备齐；检查工具与载杯是否备齐并已清洁干净［图4-5（b）］；

（3）举手示意开始操作［图4-5（c）］；

（4）制作装饰物和混合原料［图4-5（d）］；

（5）对光检查载杯的清洁情况，包括有无指纹、口红、裂痕等［图4-5（e）］；

（6）在载杯中加入冰块［图4-5（f）］；

（7）向客人展示所需酒水原料［图4-5（g）］；

（8）使用量酒器按配方份量量入酒水［图4-5（h）］；

（9）依次把酒水原料倒入杯中［图4-5（i）］；

（10）冲倒酒水原料［图4-5（j）］；

（11）在载杯口挂上已制作好的装饰物［图4-5（k）］；

（12）插入吸管与搅棒［图4-5（l）］；

（13）把整杯成品放在杯垫上并在杯旁做一个请的手势；举手示意操作完毕；酒水原料归位、清洗工具，最后整理吧台完成操作［图4-5（m）］。

知识延伸

兑和法和起层法操作流程中应注意事项

1．兑和法

（1）严格按照配方规定的量调制鸡尾酒；

（2）酒杯要擦干净，取杯时只能拿酒杯的下部；

（3）使用量酒器量入酒水；

（4）水果装饰物要选用新鲜的水果，切好后用饰物盒装好；隔夜的水果装饰物不能使用；

（5）不要用手去接触酒水、冰块、杯边或装饰物；

（6）调制好的鸡尾酒要立即倒入杯中；

（7）做好个人及工作区域卫生并注意操作安全。

2．起层法

（1）清楚知道每一种酒的比重；

（2）制作起层的鸡尾酒时，每完成一层酒液都需更换吧匙和量酒器，或清洗擦干后再继续使用；

图 4-5　兑和法操作程序

（3）一般情况下吧匙要浸泡在装有清水的高身容器中（如高杯），浸泡的水则要经常换；

（4）成品的层次要分明；

（5）每层间的距离尽可能相等。

想一想

为什么要借助吧匙来完成起层法的操作？

（1）酒水原料先落在吧匙上再落入杯中或酒液表面，起缓冲作用；

（2）使用吧匙完成起层类鸡尾酒的操作，可使成品层次更分明。

活动3 调和法操作程序

工作日记 有条不紊地完成服务

活动场地：音乐酒吧。

出场角色：实习生小徐（我）、领班小王。

情境回顾：工作中的一段对话。

小徐（我）："小王，在新的岗位上，您觉得我应注意学习什么？"

小王："与大堂酒吧相比，音乐酒吧客人更多，工作节奏更快。这意味着，调酒师必须时刻留意整个酒吧的营业状况，因为在同一时间内可能会同时发生许多事情，调酒师必须清楚每件事情的轻重缓急并逐一解决，千万不要出现顾此失彼的现象。训练有素的调酒师当遇到类似的问题时，往往都能迎刃而解。"

小徐（我）："您说的是出品的先后顺序吗？"

小王："不完全正确，应该指当迎客、点单、出品、结账等营业服务相互交错、重叠时，如何有条不紊地完成服务。"

角色任务：请以实习生小徐的身份认真学习调和法的操作程序。

一、调和法（Stirring）

调和法是一种借助吧匙调匀酒水原料的方法。按照不同的出品要求，调和法又分：调和与滤冰法——在调酒杯中把冰块与酒水原料调匀后再滤去冰块倒入杯中的方法；连冰调和法——在酒杯中直接把冰块与酒水原料调匀出品的方法。

二、操作实例

1. 马天尼（Martini）

特点：酒体虽然简朴但极富内涵，它所象征的是成功人士背后那不为人知的辛劳。

项目	名称	用量	参考图
原料：甜（Sweet）	金酒或伏特加（Gin or Vodka）	2 oz	
	甜味美思（Sweet Vermouth）	1/2 oz	
原料：干（Dry）	金酒或伏特加（Gin or Vodka）	2 oz	
	干味美思（Dry Vermouth）	1 dash	
原料：完美（Perfect）	金酒或伏特加（Gin or Vodka）	2 oz	
	干味美思（Dry Vermouth）	1/4 oz	
	甜味美思（Sweet Vermouth）	1/4 oz	
酒杯	4 oz鸡尾酒杯（Cocktail Glass）	1个	
装饰	甜：穿樱桃（Speared Cherry）	1套	
	干：穿橄榄 挤入柠檬油（Speared 2 Olives & Lemon Twist）	1套	
	完美：穿樱桃 挤入柠檬油（Speared Cherry & Lemon Twist）	1套	
酒精指数（Alcohol Index）：★★★★☆			
口感指数（Dainty Index）：★★★★☆			

2. 绿眼（Green Eyes）

特点：加入无色无味的伏特加，让人感觉在喝橙汁，饮后却渐显酒力。

项目	名称	用量	参考图
原料	伏特加（Vodka）	1/2 ~ 1 oz	
	蓝橙酒（Blue Curacao）	1 oz	
	橙汁（Orange Juice）	3 oz	
	混合青柠汁（Lime Mix）	1 oz	
酒杯	12 oz柯林杯（Collins）	1个	
装饰	挤入鲜青柠汁（Lime Squeeze）	适量	
酒精指数（Alcohol Index）：★★★☆☆			
口感指数（Dainty Index）：★★★★☆			

三、工具准备

调和与滤冰：调酒杯、滤冰器、量酒器、吧匙、水杯、冰铲、冰桶、塑料砧板、刀、杯垫、洁布等。

连冰调和：量酒器、吧匙、冰铲、冰夹、水杯、柠檬夹、汁类容器、冰桶、塑料砧板、刀、搅棒、吸管、杯垫、洁布等。

四、调和法操作程序

1. 调和与滤冰

（1）整理个人仪容仪表 [图4-6（a）];

（2）检查酒水、配料和装饰物原料是否备齐，检查工具与载杯是否备齐并已清洁干净[图4-6（b）]；

（3）举手示意开始操作[图4-6（c）]；

（4）制作装饰物和混合原料[图4-6（d）]；

（5）对光检查载杯的清洁情况，包括有无指纹、口红、裂痕等[图4-6（e）]；

（6）属短饮类鸡尾酒要进行冰杯处理，在载杯里加入冰块预冷杯具[图4-6（f）]；

（7）在调酒杯里加入冰块[图4-6（g）]；

（8）向客人展示所需酒水原料[图4-6（h）]；

（9）使用量酒器按配方规定的量量入酒水[图4-6（i）]；

（10）依次把酒水原料倒入调酒杯中[图4-6（j）]；

（11）左手拇指与食指捏着调酒杯底部，右手中指与无名指夹着吧匙，将匙背贴着杯壁顺时针方向搅动数次[图4-6（k）]；

（12）过滤冰块，把酒液倒入已预冷的杯中[图4-6（l）]；

（13）把调酒杯放到一旁待清洗，在杯中加入装饰物[图4-6（m）]；

（14）把整杯成品放在杯垫上并在杯旁做一个请的手势，酒水原料归位、清洗工具，最后整理吧台完成操作[图4-6（n）]。

2. 连冰调和

（1）整理个人仪容仪表[图4-7（a）]；

（2）检查酒水、配料和装饰物原料是否备齐；检查工具与载杯是否备齐并已清洁干净[图4-7（b）]；

（3）举手示意开始操作[图4-7（c）]；

（4）制作装饰物和混合原料[图4-7（d）]；

（5）对光检查载杯的清洁情况，包括有无指纹、口红、裂痕等[图4-7（e）]；

（6）在载杯中加入冰块[图4-7（f）]；

（7）向客人展示所需酒水原料[图4-7（g）]；

（8）使用量酒器按配方规定的量量入酒水[图4-7（h）]；

（9）依次把酒水原料倒入杯中[图4-7（i）]；

（10）左手拇指握着调酒杯底部，右手夹吧匙，将匙背贴着杯壁顺时针方向搅动数次[图4-7（j）]；

（11）在载杯口挂上已制作好的装饰物[图4-7（k）]；

（12）插入吸管与搅棒[图4-7（l）]；

（13）把整杯成品放在杯垫上并在杯旁做一个请的手势，酒水原料归位、清洗工具，最后整理吧台完成操作[图4-7（m）]。

(a) (b) (c) (d) (e) (f) (g) (h) (i) (j) (k) (l) (m) (n)

图 4-6　调和与滤冰操作程序

图4-7　连冰调和操作程序

知识延伸

一、调和法操作程序中应注意事项

（1）调和法适用于比重接近的酒水材料或某些不含果汁的鸡尾酒混合，如干马天尼；

（2）尽量降低人为破损冰块而形成碎冰，否则会因碎冰快速融化而稀淡口感；

（3）调和过程中，冰块不宜高于酒液液面，因为没接触酒液的冰块不仅浪费，且出水率高，直接稀淡口感；

（4）调和过程中，最好选用大小不一的手凿冰块，这样做可以降低冰与冰之间的空隙，也就是在一定体积里增大了冰块与酒液的接触面积，能更快速降温；

（5）为更好地保留酒水原有特性，调和过程中，有效控制冰块的出水率尤为重要：玻璃材质的调酒杯是最合适的混合容器，操作前切记冰杯；参与混合的酒水原料应先用另一容器装起，一同倒入已做冰杯处理及装有冰块的调酒杯里同时降温。

二、鸡尾酒“马天尼”的由来

Martini（马天尼）有鸡尾酒之王的美誉，在酒吧中点上一杯，代表着个人的品位及品酒的修养。Martini于1910年在纽约尼卡波卡酒店，由名叫马天尼的调酒师创作，虽然做法简单，但结果竟如此令人偏爱不已。Martini是由金酒和味美思等材料调制而成的短饮类鸡尾酒，也是当今最流行的传统鸡尾酒，它分甜型、干型和完美三种，其中以干型Martini最为流行，由金酒加干味美思调制而成，深受成功人士所喜爱。

如果将金酒换成伏特加则为“Vodkatini”（伏特加天尼）。

如果将金酒换成加拿大黑麦威士忌则为“Manhattan”（曼哈顿）。

三、关于鸡尾酒“绿眼”

“绿眼”的配方一般分为两种：一种是以朗姆酒、蜜瓜酒和菠萝汁混合而成；另一种则是经典的做法，通过蓝色的Blue Curacao和橙汁混合变幻出绿色，如同猫的眼睛。

想一想

饮品出品服务的先后顺序有什么要求？

调制出品时要注意客人到来的先后顺序，要先为早到的客人调制酒水。对同来的客人要为女士和老年人先调制饮品。调制饮品的时间都不能太长，以免客人不耐烦。如五六个客人同时点酒水，也不必慌张忙乱，可先一一答应下来，再按次序调制。一定要先答应客人，不能不理睬客人只顾自己做。

活动4 摇和法操作程序

工作日记 调酒手法

活动场地：音乐酒吧。

出场角色：实习生小徐（我）、领班小王。

情境回顾：工作中的一段对话。

小徐（我）：“小王，调酒手法好像分为英式和美式两种，我们的调酒手法应该属于英式吧？”

小王：“对，在酒店中使用英式手法调制饮品，无论是从气氛还是操作标准上都比较适合。”

小徐（我）：“能给我讲讲两种调酒手法的区别吗？”

小王：“英式调酒，服饰标准，动作规范，配方统一，操作过程中使用量酒器，此调酒手法在酒店及西餐厅中较为常用；美式调酒，以英式调酒手法为基础，融入抛瓶技巧，结合夸张的动作和强劲的音乐使其更具有时代性、观赏性、刺激性的新派调酒手法。”

小徐（我）：“其实我很羡慕那些能把酒瓶抛得出神入化的调酒师。”

小王：“不用羡慕，通过练习你也可以做到。不过，可千万不要本末倒置，事实上，一个只懂得把瓶子抛得出神入化、懂得‘喷火’，而对酒水知识、服务知识、营销知识一知半解的人，绝不是一位出色的调酒师……”

角色任务：请以实习生小徐的身份认真学习摇和法的操作程序。

一、摇和法（Shaking）

摇和法又称摇晃法，是把酒水与冰块按配方规定的量放进摇酒壶摇晃混合，摇匀后把酒水过滤冰块或连冰块一起倒入杯中。

二、摇和的手法

（1）单手摇。主要用右手，右手食指卡住壶盖，其他4指握住壶身，依靠手腕的力量用力摇晃，同时，小臂轻松地在胸前斜向上下摇动，使酒充分混合。

（2）双手摇。左手中指托住壶底，食指、无名指及小指夹住壶身，拇指压着滤冰器；右手的拇指压着壶盖，其他手指扶住壶身，双手协调用力将酒壶抱起，在胸前成45°角用力摇晃。

三、操作实例

红粉佳人（Pink Lady）

特点：一款深受女性所喜爱的鸡尾酒，口感中有类似女性柔美的一面。

项目	名称	用量	参考图
原料	金酒（Gin）	1 oz	
	君度酒（Cointreau）	1/2 oz	
	甜酸汁（Sweet & Sour Mix）	1/2 oz	
	白糖浆（Simple Syrup）	1/4 oz	
	红石榴糖浆（Grenadine Syrup）	1 dash	
	蛋白（Egg White）	1/2个	
酒杯	4 oz鸡尾酒杯（Cocktail Glass）	1个	
装饰	红樱桃挂杯（Red Cherry on Rim）	1个	
酒精指数（Alcohol Index）：★★☆☆☆			
口感指数（Dainty Index）：★★★★☆			

四、工具准备

摇壶、量酒器、冰铲、冰夹、汁类容器、冰桶、塑料砧板、刀、杯垫、洁布等。

五、摇和法操作程序

（1）整理个人仪容仪表［图4-8（a）］;

（2）检查酒水、配料和装饰物原料是否备齐，工具与载杯是否备齐并已清洁干净［图4-8（b）］;

（3）举手示意开始操作［图4-8（c）］;

（4）对光检查载杯的清洁情况，包括有无指纹、口红、裂痕等［图4-8（d）］;

（5）属短饮类鸡尾酒要进行冰杯处理，在载杯里加入冰块预冷杯具［图4-8（e）］;

（6）制作装饰物和混合原料［图4-8（f）］;

（7）准备其他所需辅料（如鸡蛋白）［图4-8（g）］;

（8）摆放好调酒工具［图4-8（h）］;

（9）在摇壶中加入冰块［图4-8（i）］;

（10）向客人展示所需酒水原料［图4-8（j）］;

（11）使用量酒器按配方规定的量依次往摇壶里量入酒水原料［图4-8（k）］;

（12）右手拇指压着壶盖，左手中指托着壶底，其他手指轻轻地拢在壶身周围［图4-8（l）］;

（13）把摇壶提到高于肩膀的位置上，用力上下摇晃，以摇壶表面起薄霜为度［图4-8（m）］;

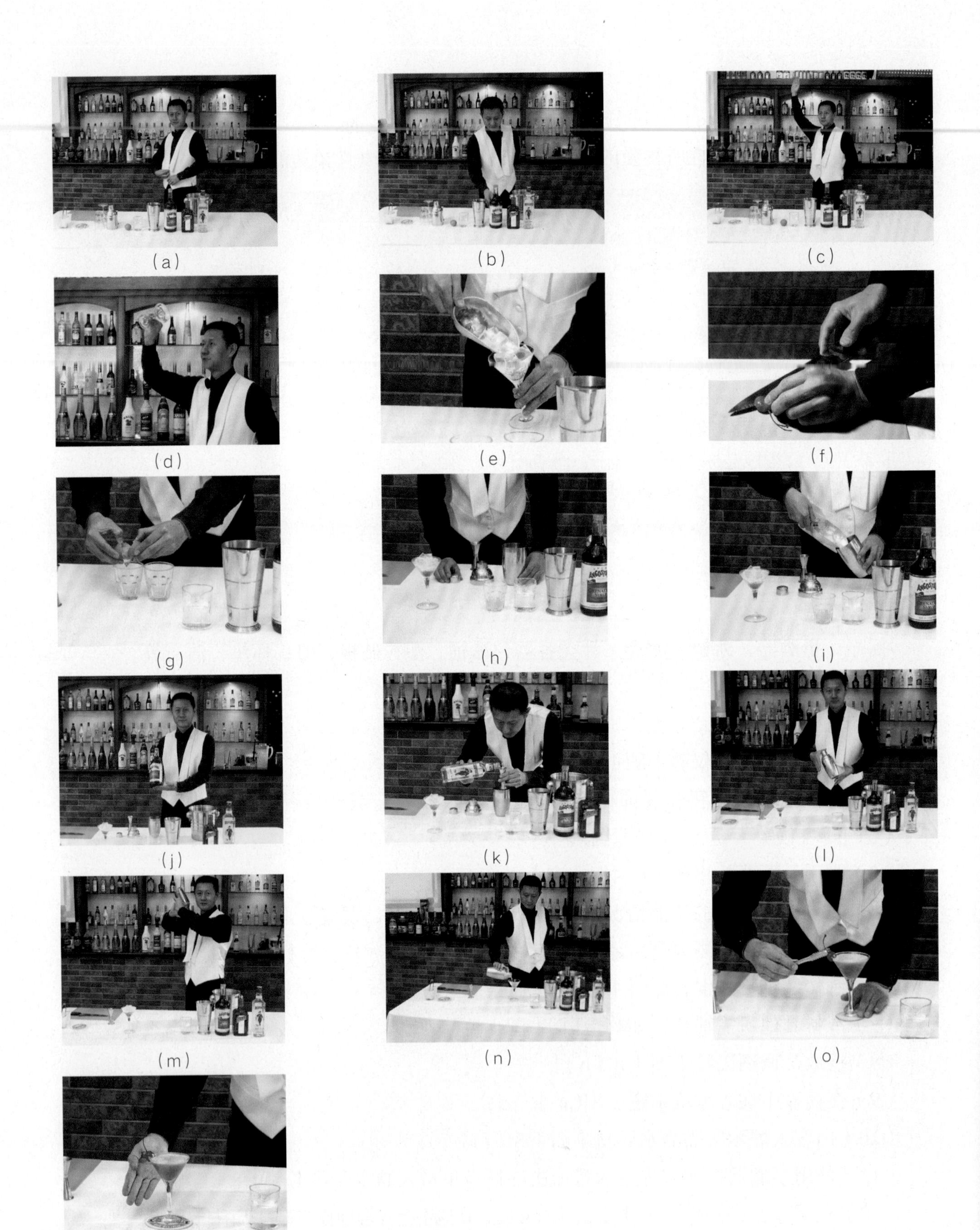

图4-8　摇和法操作程序

（14）把预冷杯中的冰块倒掉，将摇均匀的酒水滤入杯中 [图4-8（n）];

（15）把调壶放到一旁待清洗，在载杯口挂上已制作好的装饰物 [图4-8（o）];

（16）把整杯成品放在杯垫上并在杯旁做一个请的手势，酒水原料归位、清洗工具，最后整理吧台完成操作 [图4-8（p）]。

知识延伸

一、摇和法操作流程中应注意事项

（1）严格按照配方规定的量调制鸡尾酒；

（2）酒杯要擦干净，取杯时只能拿酒杯的下部；

（3）使用量酒器量入酒水；

（4）水果装饰物要选用新鲜的水果，切好后用饰物盒装好；隔夜的水果装饰物不能使用；

（5）不要用手去接触酒水、冰块、杯边或装饰物；

（6）普通鸡尾酒摇晃时间5秒钟左右，以手感冰凉为限；

（7）加奶或鸡蛋的鸡尾酒摇晃时间要长些，使鲜奶或鸡蛋与酒液充分混合；

（8）摇酒应使用新鲜冰块，不宜用碎冰；

（9）含气泡的配料如雪碧、可乐等不能放入摇酒壶摇晃，以防造成意外和浪费；

（10）摇壶每使用一次都应马上清洗；

（11）调制好的鸡尾酒要立即倒入杯中；

（12）做好个人及工作区域卫生并注意操作安全。

二、关于调制手法“冲拉法（Rolling）”

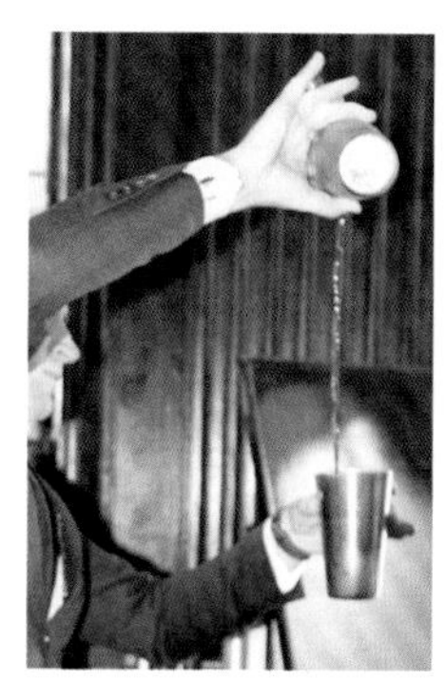

图4-9　冲拉法

“冲拉法（Rolling）”源于欧洲，是目前酒吧里比较流行的一种调酒手法。它是用两只不锈钢摇壶，其中一只装有适量冰块，盖入滤冰器，另一只则装入需要冲拉的酒液，通过双手左右上下地冲拉，达到调均、冷冻酒液，注入空气增强口感的目的。（图4-9）

冲拉法不像摇和法那样，容易造成饮品过分稀释、过分浑浊及变性。用此法调制饮品，口感介乎摇和法与调和法之间。与摇和法一样，它极具表演效果。此法适用于雪利或苦艾等葡萄酒成分的饮料。不少的调酒师会选用此法调制鸡尾酒“血玛丽”。

三、摇和法（shaking）、调和法（stirring）和冲拉法（rolling）的区别

见表4-1。

表4-1　摇和法、调和法、冲拉法的异同

调酒方法对比	摇和法（Shaking）	调和法（Stirring）	冲拉法（Rolling）
酒液降温的速度	快速	自然	自然
混合后酒液温度	相对较低	低	低
冰块的出水率	（1）比较高； （2）强调冰块的大小与硬度	（1）一般； （2）强调冰块的大小与硬度	（1）一般； （2）强调冰块的大小与硬度
与空气接触氧化	酒液充分与摇壶内的空气接触	酒液不完全与空气接触	酒液充分与空气接触
操作时间	变量/经验	变量/经验	变量/经验
	根据不同的材料、不同的成品质量要求、冰块硬度而定		
风味与口感	（1）柔化口感； （2）注入适量空气，形成细腻的气泡	（1）能更好地保留酒水原有的特性； （2）强调基酒的个性及层次	（1）充分注入空气，形成大气泡； （2）能柔化酒水粗糙的味道

四、鸡尾酒“红粉佳人”的由来

鸡尾酒“红粉佳人”的诞生，源于1912年英国戏剧《红粉佳人》。由于当红女主角海滋尔顿在剧中总是端着一杯与该戏剧同名的鸡尾酒，红粉佳人因此而声名远播，蔚为风尚，并流传至今。

五、常用计量单位换算

1. 酒吧常用计量单位换算

1 Ounce（oz）≈28.41 mL≈30 mL

1 Jigger≈1.5 oz≈45 mL

1 Teaspoon（tsp）≈1/8 oz≈4 mL

1 Bar spoon（bsp）≈2 mL

1 Dash≈1 mL

2. 酒水配方中容量的表示方法

盎司表示法—— oz。

毫升表示法—— mL。

分数表示法——以分数与杯具标准容量相乘可得出毫升读数。

想一想

冰杯的方法有哪些？

为达到饮用温度要求，有个别杯具在使用前需对其进行冰杯处理（预冷），方法如下：

（1）在杯中装满冰块冷冻；

（2）在杯中装满冰块和饮用水冷冻；

（3）把酒杯放入专用冰箱中冷冻；

（4）将1 ～ 2粒冰块放入杯中，用手指捏着杯脚，轻轻晃动杯子，让杯子冷冻。

课后练习

一、简答题

1．如何制作“椰林飘香”？

2．什么是“搅和法”？

3．什么是“兑和法”？

4．什么是“调和法”？

5．什么是“摇和法”？

二、判断题

1．(　　)Jigger翻译成中文是盐边盒。

2．(　　)短饮是一种酒精含量高、量少的鸡尾酒，如马天尼、曼哈顿等均属此类。

3．(　　)鸡尾酒通常是用朗姆酒、威士忌等烈酒或葡萄酒作基酒。

三、单项选择题

1．鸡尾酒调制，量酒要求(　　)手将酒倒入量杯，倒满收瓶口，(　　)手同时将酒倒进所用容器中。

A．左/右　　B．右/左

C．左/左　　D．右/右

2．当鸡尾酒中含有牛奶、柠檬汁、糖浆和鸡蛋时，应首先考虑使用(　　)调制。

A．冲和法　　B．搅和法

C．摇和法　　D．混合法

3．当鸡尾酒中含有固体物质时，必须采用(　　)。

A．冲和法　　B．搅和法

C．摇和法　　D．混合法

4．用摇和法调制鸡尾酒时，应首先在摇壶中放入(　　)。

A．辅料　　B．基酒

C．软饮料　　D．冰块

5．在调酒示瓶时，应用右手托住瓶子的(　　)。

A．上底部　　B．瓶口

C．下底部　　D．瓶颈

任务导入

调酒师必须熟记各种鸡尾酒的调制配方，包括选用什么酒杯、酒水以及调制方法等。假如调酒师每次都要看着配方进行操作，会让客人觉得调酒师不够熟练和专业，同时还降低了酒吧营运效率，影响出品速度。

要成为专业的调酒师，熟记鸡尾酒配方是第一关。

任务2
熟记鸡尾酒配方

学习目标

1. 熟记鸡尾酒配方；
2. 了解鸡尾酒制作的相关知识。

预备知识

如何理解鸡尾酒的“平衡”？

众所周知，鸡尾酒是由基酒、辅料、装饰物三大模块组成。每个模块或模块与模块间充满着无穷的变量，例如，各类酒水不同的味道、酒精含量，各类果汁不同的味道和浓度，各类冰块不同的大小和硬度，各种调酒方法不同的演绎手法和调制时间，各种甜味剂不同的甜度，各种酸味剂不同的酸度，调出的鸡尾酒质量都会有偏差。

如何让这些变量元素稳定混合取得“平衡”？这就要考验调酒师对该款鸡尾酒的理解了，当然，还包括要把区域性客人口味偏差的因素考虑进去，只要出品能符合该款鸡尾酒的特质，包括口感、口味、风味、饱和度等，不偏不倚且能让绝大部分客人接受的就算是一种平衡。

鸡尾酒的甜酸平衡

因为每款鸡尾酒所需呈现的风味与口感都不相同，所以并没有一个固定的酸甜比值。例如，莫吉托、长岛冰茶、迈泰、凯皮里纳、威士忌酸等著名鸡尾酒，它们的酸甜比都不一样。要么凸显口味上酸甜的和谐，要么彰显伶俐酸味的风味平衡。

甜味用于缓和鸡尾酒中酸味的刺激性。

酸味用于增加鸡尾酒的层次感和新鲜度。

以下的案例只作为一个单纯酸甜和谐的测量数值，并不代表固定的酸甜比值，仅供参考：

100 g混合酒水中含12 ~ 15 g蔗糖类甜味剂，即总甜味浓度值为12% ~ 15%，甜味比较可口；

100 g混合酒水中添加14 g左右的鲜柠檬汁，酸味恰到好处。
如果把两者合二为一，味道与口感马上会变得和谐与丰满。

活动1　熟记用搅和法调制的鸡尾酒配方

一、雪糕系列

1. 安德烈蜜桃

配方：1 oz蜜桃糖浆、1 oz混合青柠汁、1/2 oz椰浆、1 scoop 香草雪糕、1/8苹果块、1 scoop 碎冰。

载杯：葡萄酒杯。

装饰物：蜜桃角挂杯。

2. 樱桃巧克力

配方：1 oz樱桃白兰地、1 oz黑可可酒、4颗红樱桃、2 scoops 香草雪糕、1 scoop 碎冰。

载杯：葡萄酒杯。

装饰物：鸡尾酒签穿樱桃挂杯。

3. 香蕉精灵

配方：1/6 香蕉、1 oz香蕉酒、1 oz白可可酒、1 oz白糖浆、1 scoop香草雪糕、1 scoop碎冰。

载杯：葡萄酒杯。

装饰物：香蕉片。

4. 飞行草蜢

配方：3/4 oz伏特加、3/4 oz绿薄荷酒、3/4 oz白可可酒、2 scoops 香草雪糕、1/2 oz白糖浆、1 scoop 碎冰。

载杯：葡萄酒杯。

装饰物：薄荷叶。

5. 杏仁小子

配方：1/2 oz杏仁酒、1 oz椰浆、1/2 oz巧克力糖浆、1 oz白糖浆、1 scoop 香草雪糕、1 scoop 碎冰。

载杯：葡萄酒杯。

装饰物：菠萝角樱桃挂杯。

6. 游泳健将

配方：1/6 香蕉、1/2 ~ 1 oz苹果汁、1/2 ~ 1 oz椰林飘香液、1 bsp 玉桂粉、1 oz白糖浆、1 scoop 香草雪糕、1/2 scoop 碎冰。

载杯：葡萄酒杯。

装饰物：香蕉片挂杯。

7. 火杏仁

配方：1 oz咖啡酒、1 oz杏仁酒、1 oz混合奶、2 scoops香草雪糕、1 scoop碎冰。

载杯：葡萄酒杯。

装饰物：杏仁片。

8. 树莓甜心

配方：2颗鲜草莓、1 oz香博酒（Chambord）、1 oz草莓酒、2 scoops香草雪糕、1/2 oz白糖浆、1 scoop碎冰。

载杯：葡萄酒杯。

装饰物：奶油浮酒液面。

二、雪泥系列

1. 雪泥玛格丽特

配方：2 oz特基拉、1 oz君度酒、1 oz甜酸汁、1/2 oz白糖浆、1 scoop碎冰。

载杯：鸡尾酒杯。

装饰物：盐边、青柠檬轮挂杯。

2. 夏威夷岛

配方：3 oz椰林飘香液、1罐头菠萝圈、1/2 oz橙味糖浆、1 oz白糖浆、1/2 ~ 1 scoop碎冰。

载杯：葡萄酒杯。

装饰物：菠萝角挂杯。

3. 草莓得奇利

配方：2 oz白朗姆酒、2颗鲜草莓、2/3 oz白糖浆、2/3 oz混合青柠汁、2/3 oz草莓利口酒、1 scoop碎冰。

载杯：鸡尾酒杯。

装饰物：草莓挂杯。

三、综合系列

1. 旧勋章

配方：5 oz椰林飘香液、1/2 oz草莓糖浆、1/6香蕉、1 oz白糖浆、1 scoop碎冰。

载杯：葡萄酒杯。

装饰物：草莓香蕉片挂杯。

2. 三项全能

配方：1 oz原味酸奶、3 oz红莓汁、1 oz椰浆、1/4 oz蜜糖、1 oz白糖浆、1/2 tsp碎核桃、

1 scoop 碎冰。

载杯：葡萄酒杯。

装饰物：碎核桃撒面。

3. 香蕉椰林飘香

配方：1 oz 白朗姆酒、3 oz 椰林飘香液、1/6 香蕉、1 oz 白糖浆、1 scoop 碎冰。

载杯：葡萄酒杯。

装饰物：香蕉片樱桃挂杯。

4. 草莓椰林飘香

配方：1 oz 白朗姆酒、4 oz 椰林飘香液、2 颗鲜草莓、1 oz 白糖浆、1 scoop 碎冰。

载杯：葡萄酒杯。

装饰物：菠萝角草莓挂杯。

5. 夏日之旅

配方：2 颗鲜草莓、1 oz 西柚汁、1 oz 菠萝汁 、1 scoop 橙味冰沙、2 oz 白糖浆、1/2 scoop 碎冰、加满巴黎水。

载杯：葡萄酒杯。

装饰物：草莓橙片挂杯。

知识延伸

一、混合青柠汁（Lime Mix）的制作

原料：1 份新鲜青柠檬汁，2 份柠檬味汽水，1 份白糖浆。

制法：把以上原料放入容器中用吧匙充分搅匀后，置于冰箱内。

图 4-10　香子兰

二、香草的定义

香草又称香子兰，属兰花科，是墨西哥和美洲热带藤本植物中的一种（图 4-10、图 4-11），尤其是扁叶香子兰，因可提取出香味而被大量种植。

图 4-11　香子兰花

三、白糖浆的制作（Sugar Syrup or Simple Syrup）

原料：500 g 白砂糖，250 g 蒸馏水。

制法：把以上原料放入搅拌机中充分搅匀后，倒入容器并置于冰箱保鲜。

四、混合奶的制作（Half & Half）

原料：1份淡牛奶，1份液态奶油。

制法：把以上原料放入奶昔机中充分搅匀后，倒入容器并置于冰箱保鲜。

图4-12　覆盆子

五、“Raspberry”的定义

“Raspberry”是一种产于北美洲东部的带刺灌木，中文称“树莓”“悬钩子”或“覆盆子”（图4-12），果实形似草莓，颜色多为红色，广泛制成果酱、果汁等。著名的“Chambord”（香博酒）也是以它作原料混合配制而成的。

六、甜酸汁的制作（Sweet & Sour Mix）

原料：4 oz白糖浆，1/2 ~ 1 oz新鲜柠檬汁，1/2 oz新鲜青柠檬汁，1/3鸡蛋白。

制法：把以上原料放入容器中用吧匙充分搅匀后，置于冰箱保鲜。

七、鸡尾酒“玛格丽特”的由来

具有墨西哥风格的鸡尾酒“Margarita”诞生于1949年的全美鸡尾酒大赛上，创作者是洛杉矶TAIL O’COCK餐厅的调酒师Jean Durasa。

年轻时的Jean Durasa和恋人一起去打猎，结果恋人却因身中流弹而亡。而鸡尾酒名“玛格丽特”正是他23年前死去的恋人的名字，也许正是他一直无法忘记死去恋人的缘故，怀着悲痛的心情创作了这一杯享誉盛名的鸡尾酒。

杯边上的盐有如伤心的泪水，柠檬的气味和特基拉的刚烈代表着创作者悲痛的程度。细细品尝，你或许能感受到这份思念的情怀。

八、鸡尾酒“得奇利”的由来

在古巴，得奇利（Daiquiri）更像一款家庭式饮品。它是用新鲜的青柠檬，配以朗姆酒和白糖，或再加入其他鲜果一起捣碎，制成冰冻的饮品。

“Daiquiri”在古巴土语里的意思是“高大的山”，由一位法国工程师所创。当时这位工程师正负责修建铁路，由于天气潮湿，加上缺医少药，修路工人很快染上一种痢疾病，工程也因此一拖再拖。后来，工程师发现，用当地土著酿造的朗姆酒配上青柠汁对治疗疾病很有帮助，再加上工人们也乐于饮用这种“药”，疾病很快得到治愈，铁路也修好了。而这独特的配方也由古巴传到了美国，成为美国乃至世界上人们喜爱的鸡尾酒之一。

九、“椰林飘香”的类别变化（表4-2）

表4–2 “椰林飘香”的类别变化

序号	中文名称	英文名称	备注
1	椰林飘香	Pina Colada	搅和法或摇和法
2	雪泥椰林飘香	Frozen Pina Colada	搅和法
3	其他的类别叫法	Other Named Variations	
3-1	奇奇	Chi Chi	伏特加取代朗姆酒
3-2	杏仁飘香	Amaretto Colada	杏仁酒代替了朗姆酒
3-3	熔岩流	Lava Flow	草莓得其利与椰林飘香混合
3-4	维珍椰林飘香	Virgin Pina Colada or Pinita Colada	不含酒精的椰林飘香
3-5	奇异椰林飘香	Kiwi Colada	奇异果或奇异果糖浆取代了菠萝汁
3-6	苏打椰林飘香	Soda Colada	苏打水取代了椰奶
3-7	咖啡椰林飘香	Kahlua Colada	咖啡酒代替了朗姆酒

十、如何制作“椰林飘香混合液 Pina Colada Mix”？

原料：3片罐头菠萝圆片，10 oz椰浆，6 oz鲜橙汁，18 oz菠萝汁，2 oz青柠檬汁，10 oz木瓜奶，12 oz白糖浆

制法：把以上原料放入搅拌机中充分搅匀后，倒入容器并置于冰箱保鲜。

活动2　熟记用兑和法调制的鸡尾酒配方

一、起层系列

1. 五点后

配方：1/3 oz咖啡酒、1/3 oz绿薄荷酒、1/3 oz百利甜。

载杯：子弹杯。

2. 火球

配方：1/2 oz特基拉、1/2 oz白森柏加酒、辣椒油。

载杯：子弹杯。

3. 试管婴儿

配方：1/2 oz蜜桃酒、1/2 oz百利甜、1 dash红石榴糖浆。

载杯：子弹杯。

二、冲倒系列

1. 墨西哥披肩

配方：1 oz金特基拉、2/3 oz黑加仑子酒、4 oz苹果汁。

载杯：柯林杯。

装饰物：挤入鲜柠檬汁。

2. 尼格朗尼

配方：2 oz金酒、1 oz金巴利、1 oz甜味美思，加满苏打水。

载杯：柯林杯。

装饰物：挤入柠檬油。

3. 白蜘蛛

配方：1 oz伏特加、3/4 oz白薄荷酒。

载杯：洛克杯。

4. 史丁格

配方：1/2 ~ 1 oz白兰地、3/4 oz白薄荷酒。

载杯：洛克杯。

装饰物：薄荷叶。

5. 解渴液

配方：1 oz伏特加、1 oz干橙皮酒、1/2 oz混合青柠汁、4 oz葡萄汁。

载杯：柯林杯。

装饰物：挤入鲜青柠汁。

知识延伸

一、鸡尾酒“尼格朗尼”的由来

相当多人认为鸡尾酒“尼格朗尼”是由意大利佛罗伦萨“Casoni”咖啡店的调酒师Negroni在1920年创作及命名的。其成分是在鸡尾酒“美国佬”的基础上再加入了金酒，口味比较特别，但还是有很多喜欢怀旧的人接受或偏爱它。

“尼格朗尼”的原始做法只选用三种原料（金酒、金巴利、甜味美思）调和而成。目前更多的做法则根据个人的喜好再加入适量苏打水。

二、鸡尾酒“史丁格”的由来

“史丁格”准确的起源时间虽不能确定，但可以通过1917年的相关文章了解到，当时这款经典鸡尾酒已在美国广泛流行了。

在美国的禁酒年代，酒迷们为能喝上一口酒而又不被发现，于是便把“Stinger”的基酒白兰地更换成无色透明的伏特加，再与无色透明的白薄荷酒相勾兑，表面上看起来就像在喝冰水一般。后来这种喝法被取名为“International White Spider”（白蜘蛛）。

三、常见利口酒比重排列

常见利口酒比重排列见表4-3。

表4-3　常见利口酒比重排列

名称	比重	颜色	图
Cointreau	1.04	白色	
Sloe Gin	1.04	深红色	
Peppermint Schnapps	1.04	白色	
Brandy	1.04	琥珀色	
Midori Melon Liqueur	1.05	绿色	
Apricot Brandy	1.06	琥珀色	
Cherry Brandy	1.06	深红色	
Campari	1.06	红色	
Drambuie	1.08	白色	
Frangelico	1.08	白色	
Orange Curacao	1.08	橙色	
Triple Sec	1.09	白色	
Tia Maria	1.09	褐色	
Amaretto	1.10	浅褐色	

续表

名称	比重	颜色	图
Blue Curacao	1.11	蓝色	
Galliano	1.11	金黄色	
Green Crème de Menthe	1.12	绿色	
White Crème de Menthe	1.12	白色	
Strawberry Liqueur	1.12	红色	
Parfrait Amour	1.13	紫罗兰色	
Crème de Banane	1.14	黄色	
Dark Crème de Cacao	1.14	褐色	
White Crème de Cacao	1.14	白色	
Kahlua	1.15	深褐色	
Crème de Cassis	1.18	深红色	

活动3　熟记用调和法调制的鸡尾酒配方

一、调和与滤冰系列

1. 吉普森

配方：2 oz金酒或伏特加、2 dash干味美思。

载杯：鸡尾酒杯。

装饰物：挤入柠檬油，穿小洋葱。

2. 杜本纳鸡尾酒

配方：3/4 oz金酒、1/2 ~ 1 oz杜本纳、1 dash苦精。

载杯：鸡尾酒杯。

装饰物：挤入柠檬油。

3. 古典

配方：2 oz波本威士忌、1 dash苦精、1/2 oz白糖浆、2个鲜樱桃、1/8鲜橙角。

载杯：鸡尾酒杯。

装饰物：挤入柠檬油，橙片穿樱桃。

4. 布朗士

配方：1 oz金酒、1/2 oz甜味美思、1/2 oz干味美思、1 oz橙汁。

载杯：鸡尾酒杯。

装饰物：橙片挂杯。

二、连冰调和系列

1. 金色海洋

配方：2 oz苹果汁、2 oz甜酸汁、1/2 oz白糖浆，加满巴黎水。

载杯：柯林杯。

装饰物：柠檬轮挂杯。

2. 秋风

配方：2 oz红莓汁、2 oz苹果汁、1 oz混合青柠汁、1/2 oz白糖浆，加满巴黎水。

载杯：柯林杯。

装饰物：苹果片。

3. 长岛冰茶

配方：3/4 oz金酒、3/4 oz伏特加、1/2 oz白朗姆酒、1/4 oz特基拉，1/4 oz君度酒、1/2 oz混合青柠汁，加满可乐。

载杯：柯林杯。

装饰物：柠檬角。

4. 长滩冰茶

配方：1/2 oz金酒、1/2 oz伏特加、1/2 oz白朗姆酒、1/2 oz干橙酒、2 oz甜酸汁，加满红莓汁。

载杯：柯林杯。

装饰物：柠檬片。

5. 林赤堡柠檬水

配方：1 oz杰克丹尼、3/4 oz干橙酒、1 oz混合青柠汁、1/2 oz白糖浆，加满苏打水。

载杯：柯林杯。

装饰物：柠檬片。

三、奶昔机调和系列

1. 草莓日出

配方：1/2 oz菠萝汁、1 oz草莓汁、1 oz木瓜汁、2 oz苹果汁、1/2 oz白糖浆，奶昔机调和，加满苏打水。

载杯：柯林杯。

装饰物：草莓挂杯。

2. 菠萝天堂

配方：2 oz菠萝汁、1 oz橙汁、1/2 oz甜酸汁、1/2 oz热情果糖浆、1 oz牛奶、1 oz白糖浆，奶昔机调和。

载杯：柯林杯。

装饰物：菠萝角。

3. 夏威夷宾治

配方：3/4 oz椰子甜酒、1/2 oz杏仁酒、2 oz菠萝汁、1 oz橙汁、3/4 oz混合青柠汁、3/4 oz红石榴糖浆，奶昔机调和。

载杯：柯林杯。

装饰物：橙片穿樱桃。

四、调和与起层系列

1. 海之风

配方：1 oz伏特加、1 oz蜜瓜酒、3 oz菠萝汁、1 oz白糖浆、2 oz红莓汁，奶昔机调和。

载杯：柯林杯。

装饰物：菠萝角穿樱桃。

2. 红莓可布拉

配方：1 oz杏仁酒、3 oz红莓汁、1 oz橙汁、1/2 oz白糖浆，奶昔机调和，加满雪碧。

载杯：柯林杯。

装饰物：柠檬角穿红樱桃。

3. 马德拉斯

配方：1 oz伏特加、3 oz红莓汁、2 oz橙汁、1/2 oz白糖浆，奶昔机调和。

载杯：柯林杯。

装饰物：橙片挂杯。

4. 嗜辣者

配方：1 oz金特基拉、1 oz君度酒、2 oz红莓汁、1/2 oz白糖浆、4 oz橙汁，奶昔机调和。

载杯：柯林杯。

装饰物：挤入鲜青柠汁。

5. 墨西哥日出

配方：1 oz特基拉、4 oz橙汁、1/3 oz红石榴糖浆。

载杯：洛克杯。

装饰物：红樱桃挂杯。

6. 火山岛

配方：2 oz菠萝汁、4 oz干姜水、1/2 oz红石榴糖浆。

载杯：柯林杯。

装饰物：红樱桃挂杯。

知识延伸

一、鸡尾酒“吉普森”的由来

“吉普森”是由著名的杂志插图画家Charles Dana Gibson在一次与调酒师的对话中即兴创作的。

1930年，Charles Dana Gibson的作品“*Gibson Girl*”获得该年度杂志最佳插图奖。当天晚上他怀着兴奋的心情来到纽约的“Player”俱乐部并对着调酒师Charlie Conolly说：“今天晚上有什么特别的饮品吗？”调酒师说：“要不还是来一杯您最爱的马天尼吧！”Charles Dana Gibson笑着说：“今天的日子有所不同，我需要一些改变，要不你帮我把橄榄换成小洋葱吧。”后来只要是以小洋葱作装饰的干马天尼都被称为“Gibson”。

二、鸡尾酒“布朗士”的由来

“Bronx Cocktail”创作于1900年，在美国布朗克斯（纽约市最北端的一区）里的Brass Rail酒吧由一个名叫Johnnie Solon的调酒师发明。他应一位客人的要求，在最短时间内创造出一款全新口味的鸡尾酒，于是“Bronx Cocktail”就诞生了，其做法后来慢慢流传到了欧洲。

1910年至1920年是“Bronx Cocktail”最热销的时期，曾一度被誉为最具曼哈顿品味的鸡尾酒。

三、鸡尾酒“林赤堡柠檬水”的由来

“林赤堡”以出产优质的杰克丹尼威士忌闻名美国。当地人喜欢净饮，但更多的美国人喜欢加入柠檬水，把它制成芳香怡人的鸡尾酒。林赤堡柠檬水（Lynchberg Lemonade）的确令人着迷，喝一口，就会感觉到一股清新的橡木味道，然后是清爽的柠檬气息，整个人仿佛置身于大自然的怀抱中，妙不可言。

活动4 熟记用摇和法调制的鸡尾酒配方

一、经典系列

1. 青草蜢

配方：3/4 oz绿薄荷酒、3/4 oz白可可酒、1 oz混合奶。

载杯：鸡尾酒杯。

2. 白兰地亚历山大

配方：3/4 oz白兰地、3/4 oz黑可可酒、1 oz混合奶。

载杯：鸡尾酒杯。

装饰物：豆蔻粉。

3. 迈泰

配方：1/2 ~ 1 oz白朗姆酒、3/4 oz干橙皮酒、1/2 oz杏仁酒、1 oz菠萝汁、1 oz混合青柠汁、1/2 oz白糖浆。

载杯：洛克杯。

装饰物：薄荷叶。

4. 新加坡司令

配方：1/4 ~ 1 oz金酒、1/2 oz樱桃白兰地、1/3 oz君度酒、2 oz甜酸汁、1/2 oz白糖浆加满苏打水、1/2 oz红石榴糖浆。

载杯：柯林杯。

装饰物：橙片穿樱桃。

二、类别型鸡尾酒系列

1. 约翰柯林斯（Collins）

配方：1/2 ~ 1 oz威士忌、3 oz甜酸汁、1 oz白糖浆，加满苏打水。

载杯：柯林杯。

装饰物：青柠檬片。

2. 威士忌酸（Sour）

配方：1/2 ~ 1 oz波本威士忌、1 oz甜酸汁、1/2 oz白糖浆。

载杯：鸡尾酒杯。

装饰物：柠檬轮挂杯。

3. 野莓金菲士（Fizz）

配方：1 oz黑刺李金酒、3 oz甜酸汁、1 oz白糖浆、1/3 鸡蛋白，加满苏打水。

载杯：柯林杯。

装饰物：青柠檬轮挂杯。

三、新潮系列

1. 一无所有

配方：1 oz伏特加、1 oz蜜瓜酒、1 dash椰子甜酒、2 oz菠萝汁。

载杯：子弹杯。

2. 水蜜桃

配方：1/2 oz伏特加、1 oz蜜桃酒、1/4 oz甜酸汁、1 oz红莓汁、1/4 oz橙汁。

载杯：子弹杯。

3. 粉红柠檬水

配方：1/4 ~ 1 oz白朗姆酒、1 oz蜜瓜酒、1/2 ~ 1 oz红莓汁、1/2 ~ 1 oz橙汁。

载杯：子弹杯。

4. 西瓜仔

配方：1/2 oz伏特加、1/3 oz蜜瓜酒、1/2 oz橙汁、1 dash红石榴糖浆。

载杯：子弹杯。

知识延伸

一、鸡尾酒“青草蜢”的由来

在美国肯塔基州曾闹过一次大型的蝗虫灾害，当时农作物正值收获季节，眼看所有粮食将会成为蝗虫的食物。这时，在政府的鼎力协助下，农民们展开了一系列的灭灾行动。很快，蝗虫全被消灭，大部分的粮食保留了下来，农民们没遭受过多的损失。

在庆功会上，当地的调酒师用绿薄荷酒和白可可酒调制了一杯草绿色的鸡尾酒并命名为“Grasshopper”（青草蜢）来纪念这次的灭灾行动。这种草绿色的鸡尾酒难道不像一只正在飞行的青草蜢吗?

二、鸡尾酒“白兰地亚历山大”的由来

19世纪中叶，为了纪念英国国王爱德华七世与皇后亚历山大的婚礼，调酒师调制了这款鸡尾酒作为对皇后的献礼，是一款名副其实的皇家鸡尾酒。因为它象征着爱情的甜美与婚姻的幸福，所以非常适合热恋中的情侣饮用。

三、鸡尾酒“迈泰”的由来

“迈泰”是一款常被误解的鸡尾酒，很多人总以为它是一款热带果汁，但事实上它是一款酒精含量较高的鸡尾酒。“MAITAI”一词来自位于法属波利尼西亚TAHITI岛上的方言，意思为“Out of this world”（最好的）。早在1944年，奥克兰的调酒师Victor Bergron创作出

"MAITAI"的前身"Original Mai Tai"。随后在1950年，TAHITI岛上HINKY DENKS酒吧老板Vic，首次将"Original Mai Tai"加以改良，加入了杏仁糖浆和菠萝汁，完美的"迈泰"就在这里诞生了。

四、鸡尾酒"新加坡司令"（Singapore Sling）的由来

司令（Sling）是以烈性酒如金酒为基酒，加入利口酒、果汁等调制，并兑以苏打水混合而成。这类鸡尾酒酒精含量较少，清凉爽口，很适宜在热带地区或夏季饮用。"新加坡司令"是这一类鸡尾酒的代表。

毋庸置疑，鸡尾酒"新加坡司令"创始人Nglam Tong Boon在1915年为新加坡的Raffles酒店创作了这款鸡尾酒，它是以城市名称命名的少数鸡尾酒之一，成品充满热情气氛，让人不禁想起堪称世界最美的新加坡夕阳晚霞。另外，在原产地Raffles酒店，它供应的"新加坡司令"常以十种水果作装饰，非常华丽。

五、"Collins"的定义及其他组合

"Collins"称为"柯林类饮料"，是一种酒精含量较低的长饮类饮料，通常以威士忌、金酒等烈酒，加柠檬、糖浆、苏打水调制而成。

"Collins"的其他组合见表4-4。

表4-4 "Collins"的其他组合

基酒（Base）	鸡尾酒名称（Name）
威士忌（Whiskey）	约翰柯林斯（John Collins）
金酒（Gin）	汤姆柯林斯（Tom Collins）
爱尔兰威士忌（Irish Whiskey）	迈克柯林斯（Mike Collins）
苹果白兰地（Apple Brandy）	杰克柯林斯（Jack Collins）
干邑（Cognac）	皮埃尔柯林斯（Pierre Collins）
朗姆（Rum）	彼得柯林斯（Pedro Collins）

六、"Sour"的定义及其他组合

"Sour"称为"酸酒"，可分短饮酸酒和长饮酸酒两类，酸酒类饮料的基本材料是以烈性酒为酒基，如威士忌、金酒、白兰地，以柠檬汁或青柠汁和适量糖分为辅料调制而成。长饮类酸酒是兑以苏打水调制而成以降低酒品的酸度，常见的酒品有威士忌酸酒、白兰地酸酒等。"Sour"的其他组合见表4-5。

表4-5 “Sour”的其他组合

基酒（Base）	鸡尾酒名称（Name）
威士忌（Whiskey）	威士忌酸（Whiskey Sour）
金酒（Gin）	金酸（Gin Sour）
白兰地（Brandy）	白兰地酸（Brandy Sour）

七、“Fizz”的定义

“Fizz”称为“菲士”，是一种以烈性酒如金酒为基酒，加入蛋清、糖浆、苏打水等调配而成的长饮类饮料，成品表面有一层泡沫，兑入苏打水时伴有“嘶嘶”的声音。

八、鸡尾酒“一无所有”（Nothing）的由来

鸡尾酒“一无所有”的诞生，源于1988年的美国电影《鸡尾酒》。男主角汤姆·克鲁斯在剧中自创了这款深受欢迎的鸡尾酒。“一无所有”因此不径而红，并立刻在美国的大小酒吧中流行开来。

课后练习

一、简答题

如何制作白糖浆（Sugar Syrup or Simple Syrup）？

二、判断题

1.（　　）冰铲使用后可直接放入冰块中便于下次使用。

2.（　　）调酒用摇壶，每次使用后都应清洗。

3.（　　）当使用摇壶时，应尽量避免不慎碰撞掉落地面，造成接缝产生空隙而导致酒水外漏。

4.（　　）鸡尾酒制作完成后，其装饰物可直接用双手摆置杯上。

5.（　　）鸡尾酒的杯饰装饰品以蔬菜、水果搭配最适宜。

6.（　　）专有名词“Double”解释为：同一杯双份的量。

7.（　　）“Well Brands”又可称为“House Brands”，指调酒常用的基酒。

8.（　　）血腥玛丽（Bloody Mary）的果汁配料等，可以预先调制好，要用时只要加入烈酒即可，其预制品英文称“Pre-Mix”。

三、单项选择题

1．客人点长岛冰茶，以下材料中哪一个不需准备？（　　）

A．葡萄酒　　B．琴酒　　C．伏特加　　D．朗姆酒

2．鸡尾酒曼哈顿的装饰物是（　　）。

A．橄榄　　B．红樱桃　　C．小洋葱　　D．豆蔻粉

3．鸡尾酒血腥玛丽和玛格丽特中，相同的用料是（　　）。

A．葡萄柚汁　　B．伏特加酒　　C．番茄汁　　D．盐

4．鸡尾酒杯冰杯处理，英文称为（　　）。

A．Chill a Glass　　B．Ice a Glass

C．Frozen a Glass　　D．Cool a Glass

5．下列哪一款鸡尾酒最适合使用兑和法调制？（　　）

A．Daiquiri　　B．Singapore Sling

C．Martini　　D．B-52

6．鸡尾酒配方中含有鸡蛋及牛奶，应以何种方法调制最恰当？（　　）

A．Building　　B．Stirring　　C．shaking　　D．frozen

7．酒吧专业术语中Fill Up中文之意是什么？（　　）

A．不加冰　　B．不加酒水

C．一份量的一半　　D．加满

8．若客人请你推荐一杯酸的鸡尾酒，下列不适合的是（　　）。

A．Whiskey Sour　　B．Margarita

C．Daiquiri　　D．Gibson

9．鸡尾酒新加坡司令配方中不含（　　）。

A．琴酒　　B．橙汁　　C．柠檬汁　　D．樱桃白兰地

10．下列哪一款鸡尾酒不能调制成Frozen Cocktail？（　　）

A．Daiquiri　　B．Pina Colada

C．Margarita　　D．Screw Driver

任务导入 服务质量是拥有稳定客源的关键。员工的综合素质决定了能向客人提供服务的层次。就调酒师而言，主要通过积累工作经验来提高服务能力。调酒师如果能预知客人的消费需求，可使服务做得更出色；如果能根据客人的特质推荐适合的饮品，可使服务做得更细致。

如果客人第一次光临酒吧就能感受到调酒师专业的服务，那么，他们很有可能再次光临。

任务3
鸡尾酒服务

学习目标

1. 掌握鸡尾酒服务操作程序；
2. 了解酒水推销基础知识。

预备知识

训练有素的调酒师对酒吧的各项工作都应熟悉。例如，要熟悉酒单中的内容并能回答客人提出的相关问题；充分发挥团队合作精神，做到协调工作、熟练操作；能记住客人的姓名及喜好，以便更好地开展服务工作；服务热情主动，能随时满足客人的需求；重视个人发展，重视人格修养及专业进修。

注重卫生习惯对饮食从业人员来说尤为重要，进入吧台工作区域后，必须第一时间清洗双手。要知道，最让客人无法忍受的主要有两方面：第一是服务态度差，第二是不重视卫生习惯。

出品质量是优质服务的基础。调制饮品时必须严格按照配方进行操作，绝不可随意替换或减少量，更不能使用过期或变质的酒水。要特别留意果汁的保鲜期；切好的水果装饰物不可留到第二天继续使用；所有汽水类饮料在开瓶（罐）两小时后都不能用以调制饮料；凡是不合格的饮品不能出售给客人。例如调制彩虹鸡尾酒，任何两层有相混情形时，都不能出售，要重新做一杯。虽然浪费，但能为酒吧赢得良好的声誉。

工作日记 讲究标准的英式调酒

活动场地：音乐酒吧

出场角色： 实习生小徐（我）、领班小王

情境回顾： 工作中的一段对话。

小徐（我）："英式调酒比较注重哪些方面？"

小王："比较注重的是规范和工作态度的严谨，其中包括调酒师调酒过程要非常绅士，调酒的配方及用具要非常精确，而且每款鸡尾酒的调制都需严格按照传统的配方和统一的制作标准调制出来。"

小徐（我）："传统鸡尾酒的制作标准如此重要吗？"

小王："是的，因为传统鸡尾酒追求的是酒的颜色和味道。给你讲一个发生在我身上的故事。在我刚入门的时候，有这么一段经历。一位来自美国的女士，点了一杯曼哈顿鸡尾酒。这款酒应该是用加拿大威士忌和味美思调制而成，然而，由于我经验不足，选用了苏格兰威士忌调制，结果这位女士刚喝一小口就品出来了，她感觉到这杯酒的味道不是很对，希望我能重新给她做一杯。这时，我意识到自己选错了酒。最后，我用正确的传统配方为她重新调制，得到了这位女士的认可。从这段经历上看，不管你在世界任何一个地方，点的这些传统鸡尾酒口味应该都是一样的。从这件事上可以看出，英式调酒师的工作态度需更为严谨。"

角色任务： 以实习生小徐的身份，学习鸡尾酒在吧台上的出品服务。

一、在吧台上向客人介绍鸡尾酒的服务程序

1. 欢迎客人

调酒师应该在客人抵达1分钟内问候他们。

调酒师："晚上好，先生，欢迎光临音乐酒吧。我是小徐，很乐意为您服务，请问先生贵姓？"

客人："姓钟。"

调酒师："钟先生，您好！这里是酒水单，请您选用，稍后给您点酒水，谢谢！"

2. 为客人点单时（前）介绍鸡尾酒

简单、明确、礼貌地介绍酒吧现有的鸡尾酒，举止大方，热情耐心。

调酒师："您好，钟先生，您需要些饮料吗？"

客人："是的，但不知道点什么好！"

调酒师："钟先生，我们这里的鸡尾酒做得不错，您不妨一试。"

客人："我以前喝过干马天尼、红粉佳人等鸡尾酒，感觉要么太烈，要么太甜，好像不太适合我。"

调酒师："钟先生，您说得对，干马天尼的确很干烈，红粉佳人的确相对甜些，看来，您对品酒还是挺有研究的。不过，这两款鸡尾酒可能都不太适合您，要不这样，如果您愿意，我给您介绍两款更适合的，怎么样？"

客人：“既然如此，就看看你的推介吧！”

调酒师：“谢谢！钟先生，您希望果味浓一些的还是新潮的鸡尾酒？”

客人：“新口味的！”

调酒师：“那您喜欢大杯的还是小杯的？”

客人：“量多一些，可慢慢品尝的！”

调酒师：“钟先生，看来您是一位挺懂得享受生活的人，您看这两款鸡尾酒如何：第一杯叫长滩冰茶，淡淡的红莓汁，充满阳光气息，品一口足以令人仿佛置身于仙境般的加州长滩；第二杯叫林赤堡柠檬水，青柠檬的香气令口感更清爽，品尝后能使心情轻松舒畅。”

客人：“哇！听起来味道还蛮不错的！好，我两杯都要，先给我做第一杯吧！”

调酒师：“好的，请稍等，我马上为您做第一杯。”

二、介绍鸡尾酒时应注意事项

（1）只向客人提供参考意见，不可强行推销；

（2）熟悉每款鸡尾酒的特点。

三、在吧台上鸡尾酒出品服务程序

当客人点鸡尾酒后，按以下程序为客人提供鸡尾酒服务：

（1）把杯垫摆放在靠近客人右手的吧台上，杯垫图案朝向客人；

（2）制作鸡尾酒；

（3）把鸡尾酒摆放在杯垫上；

（4）请客人慢慢品尝；

（5）配送小食（花生、青豆仁等）；

（6）询问客人对鸡尾酒的出品是否满意；

（7）当客人杯中鸡尾酒剩余不多时，及时询问是否续杯或选择第二款鸡尾酒；

（8）及时撤下空杯子并清理吧台。

知识延伸

一、酒水推销基础

（1）熟记客人姓名和喜好，使推销有的放矢；

（2）熟悉酒水知识；

（3）熟悉酒单上销售的所有品种和价格；

（4）熟悉饮品的品质及口味。

二、进行推销时要注意身体语言的配合

向客人进行酒水推销时，目光应注视对方，以示尊重；上身微倾，尽量接近客人；客人讲话时，随时点头附和，以示听得清楚；注意语言艺术及表情配合，温文有礼，大方得体。

三、酒水推销语言技巧

（1）罗列酒水让客人从中选择；

（2）陈述饮品的各种优点，让客人对产品更有信心；

（3）让客人知道现在不购买可能会造成的遗憾；

（4）先肯定客人对产品的认识，然后再转到推销上，让客人重新认识产品、购买产品；

（5）善于利用第三方意见说明产品的优点，让客人对产品更有信心。例如“这款鸡尾酒曾获得金奖”。

想一想

调酒师如遇到自己不会做的鸡尾酒时应如何处理？

在调酒服务中，各国客人因口味及饮用方法不尽相同，会提出一些特别要求与特别配方，调酒师甚至酒吧经理也不一定会做。在这种情况下，可请教客人怎么调制，这样做既可以使客人满意，也使自己增长了知识，切忌回答客人不会做或胡乱调制。不过值得注意的是，不得邀请客人进入工作区域自行调制。

课后练习

一、判断题

1.（　　）调制鸡尾酒时，为节省时间可使用手或杯子挖取冰块。

2.（　　）已切好的水果装饰物，可留到第二天继续使用。

二、单项选择题

1．有关酒吧服务，下列叙述错误的是（　　）。

A．客人光临，面带微笑并向客人问好

B．客人起身离去，提醒客人是否遗留物品

C．离营业结束时间还有10分钟，可以将酒吧现场的灯光打到最亮，以提醒客人该走了

D．随时注意客人的需求，看是否需续杯等

2．不端正的服务心态是（　　）。

A．工作有荣誉感　　B．热忱、愉快

C．工作是一种享受　　D．以金钱目标为唯一激励

模块五

我是调酒师

任务导入

酒吧日常报损的内容主要包括玻璃器皿报损和酒水报损两大类。

玻璃器皿的破损，主要是由清洗、搬运、擦拭等过程中因操作不规范造成的。此外，玻璃器皿的质量也直接影响破损率。在众多可能性中，客人打破玻璃器皿的概率是最低的。

酒水的损耗多数由主观因素造成，包括操作不规范造成出品质量问题，客人要求退货及上错酒水等。客观原因主要包括酒水过期变质、酒瓶破裂、酒水装瓶（罐）不满等。

任务1 酒水报损

学习目标

1. 认识酒水报损单；
2. 掌握酒水报损程序；
3. 知道填写酒水报损单时要注意的事项。

预备知识

酒吧内凡出现问题酒水，经部门经理在酒水报损单上签字确认后，可通过酒店成本会计室报损，以冲减酒吧酒水成本。一般情况下，由人为因素造成酒水破损或客人退货的，均由当事人负责，酒吧不予以报损。

工作日记　半罐可乐

活动场地：音乐酒吧。

出场角色：调酒师小徐（我）、实习生小林。

情境回顾：鉴于良好的工作表现，半个月前，酒水部陈经理让我提交了实习生转正申请书。今天，我终于收到了酒店人事部下发的转正通知书，从下个月开始我正式转正为调酒师了，这也意味着我的工作责任越来越大。

工作中的一段对话。

小林：“小徐，你看，真奇怪！这罐可乐还没被打开过，里面却只有半罐。”

小徐（我）：“是的，这样的情况偶尔会出现。这就是生产商在灌装饮料时出现的失误，除可乐外，其他的包装饮料同样也会出现类似情况。”

小林：“那这罐可乐怎么处理？扔掉吗？”

小徐（我）：“暂时先保留下来，待报损完成后再退回酒水仓库。”

小林：“酒水报损程序复杂吗？”

小徐（我）：“不复杂，来！我给你介绍如何填报损表。”

角色任务：以实习生小林的身份，学习酒水报损程序。

酒水报损程序

（1）发现问题酒水；

（2）准备酒水报损单。酒吧都备有报损单，分为酒水报损单和玻璃器皿报损单两种。报损单一式三联；

（3）填写酒水报损单（图5-1）。在酒水报损单上填写日期、部门、酒名、单位、规格、数量、进货价、报损原因。酒吧领班或调酒师将报损酒品原件及酒水报损单交部门经理签字确认；

图5-1　填写酒水报损单

（4）将报损单交成本会计室。将酒水报损单和报损酒品的原件一并送财务部成本会计室检验，经财务部确认后，由财务部成本会计室人员在报损单上签字认可。经认可的酒水报损单应分别交酒吧、酒水仓库和财务部成本会计室保存；

（5）注销已报损酒水。经同意报损的酒水应立即在酒水盘存表上注销，报损单作注销凭据保留。

知识延伸

一、模拟填写酒水报损单（表5-1）

二、填写酒水报损单应注意的事项

（1）填写的字迹要工整清晰；

（2）报损时需附报损酒水原件；

（3）凡已开启的酒水不作报损。

表5–1　酒水报损单

部门：音乐酒吧　　　　　　　　　　　　　　　　日期：××年××月××日

酒名	单位	规格	数量	进货价（元）	报损原因
百威啤酒	罐	335 mL	1	3.8	啤酒装罐不满
可口可乐	罐	335 mL	1	2.3	罐身发胀
轩尼诗XO	瓶	750 mL	1	650	酒瓶有裂纹，酒液外渗
波尔多AOC	瓶	750 mL	1	120	客人品尝后觉得酒味不对而退货
红粉佳人	杯	鸡尾酒	1	11.5	客人中途取消点单

制表人：×××　　　　　　部门经理：×××　　　　　　财务部：×××

三、破损玻璃器皿的处理方法

（1）马上放入专用破损箱；

（2）打破的器皿应在报损单上做好登记。

课后练习

一、简答题

酒水报损程序有哪些？

二、判断题

1.（　　）打破的杯子应直接投入垃圾筒，不用登记在破损单上。

2.（　　）若打破玻璃器皿，应立刻用手捡起玻璃碎片，以免刺伤客人。

3.（　　）罐装饮料若发现已超过保质期，应立即报损。

4.（　　）酒水销售价格不属于酒水报损单的内容。

想一想

酒水报损单在酒水管理中起什么作用？

酒水报损单是酒吧酒水管理中常用的表单之一，它主要用于酒吧过期、变质以及非人为因素破损酒水的报损审批。

任务导入　一般情况下，酒吧都储备有一定数量的酒水供日常销售，但有时也会因各种营业状况而出现个别酒水短缺的现象。然而，采取到货仓补充短缺酒水的做法又难于马上解决问题，这时，如果通过酒店内部或酒吧之间酒水相互调拨的方式，便可快速而准确地解决以上问题。

任务2
酒水调拨

学习目标

1. 认识酒水调拨单；
2. 掌握酒水调拨程序；
3. 知道填写酒水调拨单时要注意的事项。

预备知识

酒水调拨指从其他酒吧或营业场所临时调用部分酒水的一种管理技巧。酒水调拨活动的依据是一式三联的酒水调拨单（一联由调进酒吧保管，一联由调出酒吧保管，一联留财务部成本会计室做账）。酒水经过调拨后，将会由财务部成本会计室依照调拨单中的内容进行相应的成本转移，以确保各营业点成本核算的准确性。

工作日记　一瓶茅台酒

活动场地：音乐酒吧。

出场角色：调酒师小徐（我）。

情境回顾：爵士乐队正在音乐酒吧奏着经典的伴奏乐曲，歌手也投入地演绎着一首首动人的歌曲。在座的客人们陶醉在音乐与美酒当中，释放着一天的疲劳。

我很喜欢这种类型的酒吧。如果在这种环境下点上一杯鸡尾酒或特选酒吧专用葡萄酒细细品尝的话，的确能让人感觉舒心畅快。

音乐酒吧主要供应的酒水以洋酒、鸡尾酒为主，很少供应中国白酒。不过今天晚上来了几位客人，他们指定要喝茅台酒。

我第一时间想到要满足客人的要求，但音乐酒吧没有茅台酒，怎么办？最后，我以酒水调拨的做法，从中餐厅的服务酒吧库存中调进一瓶茅台酒……

在客人感到满意的同时我也感到无比的快乐。下班前，我不忘在酒水盘存表中增加调进茅台酒的内容，以备核查。

酒水调拨程序

（1）出现需要进行酒水调拨的情况：

① 营业中，某种酒水数量少于客人点单的数量；

② 营业中，某种酒水售完；

③ 客人点了本酒吧无库存的酒水，例如茅台；

④ 厨房或点心部需要某些酒水作调料。

（2）准备酒水调拨单。

（3）填写酒水调拨单。

① 由调出酒水的酒吧填写调拨单；

② 在调拨单上写清楚所有调拨酒水的编号、品种、调拨单位、调拨量、进货价、总金额和日期等；

③ 调拨单经由两个酒吧的领班或当班调酒师、部门经理的签字后方可生效。

（4）检查调拨酒水外观（图5-2），检查调拨酒水（图5-3），托送调拨酒水（图5-4）。

当酒水调拨完成后，调进、调出两个酒吧都应立即在酒水盘存表上记账。

图5-2　检查调拨酒水外观

图5-3　检查调拨酒水

图5-4　托送调拨酒水

知识延伸

一、模拟酒水调拨单（表5-2）

表5–2　酒水调拨单

调出酒吧：音乐吧　　调进酒吧：大堂吧　　日期：××年××月××日

编号	品种	单位	规格	数量	进货价（元）	金额（元）
0101	皇冠伏特加	瓶	750 mL	3	90	270
0628	雀巢三花淡奶	罐	410 g	6	7	42
0401	喜力啤酒	箱	330 mL	4	120	480

制表人：×××　　发放人：×××　　部门经理：×××

二、酒水调拨程序应注意的事项

（1）调拨单由调出酒水的酒吧开具；

（2）填写的字迹要工整清晰，尤其是调拨单位（mL、oz、支等）一定要确认清楚；

（3）调拨酒水时应对单发货；

（4）调拨单是酒水盘存表填写时的依据之一，酒水调拨完成后应立即在酒水盘存表上记账，并将调拨单凭证附在盘存表后。

想一想

为什么说酒水调拨是临时补充酒水较理想的做法？

（1）酒店各部门领货时间都有规定，一般情况下，在规定时间以外仓库不予供货；

（2）到货仓补货，手续烦琐且路程较远，难解燃眉之急；

（3）酒吧内部资源共享，调拨可更有效地进行成本控制。

三、酒水成本的定义与构成

酒水成本指饮料服务或制作过程中所产生的费用，它包括酒水成本、劳动力成本、设备折旧费用和各项税费等。酒水成本随着营业收入的变化而变化，营业收入增加，酒水成本也随之增加；营业收入降低，酒水成本也随之减少。

酒水成本率指酒水成本在售价中所占的百分比。

即：$成本率=\dfrac{成本}{售价}\times 100\%$

售价＝成本/成本率

售价－成本＝毛利

课后练习

一、简答题

什么是酒水调拨？

二、判断题

1.（　　）在酒店酒吧中酒水调拨可不作记录。

2.（　　）酒水毛利指酒水销售的价格。

3.（　　）酒水成本指饮料服务或制作过程中所产生的费用。

4.（　　）酒水成本率指酒水成本在售价中所占的百分比。

三、单项选择题

1.（　　）不属于酒水调拨单中的内容。

A. 酒水的金额　　B. 晚班的基数

C. 酒水的调入单位　　D. 酒水的单价

2. 酒水调拨单应分别交存（　　）和财务部成本核算组。

A. 调出酒吧、采购部门　　B. 库房管理人员

C. 调出酒吧、调进酒吧　　D. 餐厅经理、采购部门

3. 不直接影响酒水成本的是（　　）。

A. 原料进货价　　B. 饮品配方

C. 杯具容量　　D. 服务质量

任务导入 酒会是目前社会交际中较为流行的一种活动。酒会的种类很多，形式多样，但主要的服务内容和服务程序却大同小异。

一个酒会的组织能否取得成功，关键在于酒会前期的准备工作。如果准备不充分，有可能会造成酒会进行过程中出现不必要的差错。为了使酒会的服务工作做到有条不紊，对酒会前、中、后各环节的工作必须熟悉。

任务3
酒会服务

学习目标

1. 掌握酒会前、中、后的主要工作程序；
2. 了解酒会酒水成本预算；
3. 熟悉酒会种类及常用分类方法。

预备知识

酒吧收到酒会布置通知单后，必须立即填写酒会接待计划，进行酒会的筹划与设计工作。

酒会前的主要工作包括：酒会人员安排—准备酒具—准备酒水—设置临时酒吧—调制混合饮料—提前倒入酒水—迎接客人。

酒会中的主要工作包括：迎接客人—补充杯具—斟倒第二轮酒水—补充杯具和酒水—巡台服务。

酒会后的主要工作包括：清点酒水用量—收吧工作。

活动1 酒会前工作程序

工作日记 客人把杯子打碎了

活动场地：某宴会前的酒会。

出场角色：调酒师小徐（我）、实习生小林。

情境回顾：工作中的一段对话。

小林："小徐，如果在酒会进行过程中，有客人把鸡尾酒杯弄翻在地上且玻璃杯碎了，这时我应该如何处理？"

小徐（我）："你提的问题相当好，我也曾遇到过类似的情况。要不这样，我给你四个选择，你在里面选择正确答案好吗？"

小林："好的！"

小徐（我）："A.应赶快拿一张椅子放在有碎玻璃的地方，然后报告领导；B.应立即通知清洁工打扫干净；C.应马上把现场清扫干净；D.应马上用清洁布盖在有碎玻璃的地方并站在旁边，设法让其他同事通知清洁工前来处理和向领导汇报。"

小林："答案应该是D吧？"

小徐（我）："正确！用清洁布盖在有碎玻璃的地方是为了让客人更容易看到地上的障碍，防止对客人造成伤害；站在旁边是为了提醒客人注意。"

小林："原来是这样，我明白了。"

角色任务：以调酒师小徐的身份，学习酒会前的准备工作。

酒会前的工作程序

1. 收到酒会布置通知单

宴会部根据客人的要求，填写酒会布置通知单并下达到各相关部门。酒吧接到酒会布置通知单后，应留意酒会的性质，举办的地点、时间、人数等相关信息，然后开展酒会设置的具体工作。

2. 编写酒会接待计划

根据酒会通知单的具体要求，酒水部制定详细的酒会接待计划。酒会接待计划包括：酒会服务人员、酒水供应品种、酒杯及其他服务物资的清单，酒会场地布置图等，并制定出详细的接待服务规程。

酒会接待计划填写要清楚，一式三份：一份交宴会部作为给客人开单的依据，一份交成本会计室，一份由酒水部存档。

3. 酒会人员安排

根据酒会的形式、规模和人数设定酒会人员。酒会人员指酒会服务员、调酒师和酒会管理人员。不同规模的酒会因工作量不同设置临时吧台的数量和人员都不一样。一般情况下，约200人的酒会需调酒师2人，实习生1人；100人的小型酒会需调酒师1人，实习生1人。

4. 准备酒具

根据酒会接待计划准备酒杯。由于酒会客人多而集中，供应量大并要求出品速度快，所以酒会设置的饮料多以供应简单的混合饮料为主，常用的酒杯主要包括柯林杯、果汁杯、高杯和啤酒杯，根据实际情况可准备少量的鸡尾酒酒杯。所有酒杯应事先擦干净，无水渍、无破损。

酒杯的总数可按酒会计划人数的3倍准备。部分酒杯先摆放在临时吧台上，准备倒入饮料。余下的酒杯，分装在杯筐中备用。所有酒杯需在酒会开始前1小时准备就绪。

5. 准备酒水

根据“酒会接待计划”准备酒水原料，所有酒水都应在酒会开始前1小时准备到位，若需冰镇的酒水、饮料则需提前做好准备。所有酒水及饮品准备应在酒会开始前30分钟全部准备完毕。

为客人设计定额消费酒会酒水品种和数量时应注意以下问题：

（1）人均消费成本。以人均消费额150元的纯酒会为例，如果酒会成本率定在20%，那么，原料成本即每人30元，酒水部则以此标准为客人设计酒水品种。

（2）客人的饮用量。饮用量一般是以每小时每人3杯左右计算，每杯饮料220 ~ 280 mL。

（3）酒会活动时间的长短。

（4）酒会的规格。客人要求配备的酒水是以软饮料、啤酒消费为主还是档次较高的酒水饮料。

6. 设置临时酒吧

酒会开始前1小时，调酒师和服务人员必须根据酒会接待计划上的布置平面图设置临时酒吧，吧台的数量一般按每100人设置一个为标准。设置临时酒吧的最佳位置应尽量靠近入口不远的地方，以便主人招呼宾客。

各种酒杯要在临时酒吧上摆放整齐，摆放数量至少是计划人数的1.5倍（图5-5）。

图5-5　摆放酒会酒杯

临时酒吧的设置（包括酒水、酒杯、工具等）要在酒会前30分钟设置完毕，并且反复仔细检查。

7. 调制混合饮料

酒会的混合饮料多以果汁、什锦水果“宾治”为主。此类饮料应提前30分钟调制好，数量可按计划人数的2倍调制。

> **想一想**
>
> **现付消费酒会适用于什么活动中？**
>
> 现付消费酒会适用于有表演的晚会中，如时装表演、演唱会、舞会。主人只为客人提供入场券，饮品费用由客人自付。

8. 提前倒入酒水

提前倒饮料的时间可根据酒会的规模来决定，一般为提前10 ~ 20分钟，即中小型酒会提前10分钟，大型酒会提前20分钟。分别斟上不同品种的饮料。

9. 迎接客人

再次检查临时酒吧的准备情况，检查仪容仪表，各就各位，准备迎接客人。

知识延伸

酒会的类型

酒会的分类方法有很多种，按酒会档次和收费方式来分类是最常用的方法（表5-3和表5-4）。

表5-3 按档次分类

按档次分类	主要提供的酒水	适用活动对象
普通酒会	普通品牌的果汁、矿泉水、啤酒	产品推介、普通庆典、展示会、餐前酒会等活动，属于较大型的酒会
标准酒会	烈酒、啤酒、软饮料	礼仪接待、商务洽谈，属于标准规格的酒会
高档酒会	各种高档酒水并以调配鸡尾酒为主	小型商务洽谈会、私人聚会等活动，属于规模小、高规格的鸡尾酒会

表5-4 按收费方式分类

按收费方式分类	主要区别
计量消费酒会	酒会不限时间、品种，酒会结束后按酒水实际用量结算
定额消费酒会	消费额已固定，酒水部根据酒会人数及时间，设计酒水品种与数量
现付消费酒会	主办方只租借酒会场地，酒会中，客人可自由选购饮品
定时消费酒会	酒会限定服务时间但不限酒水，酒会结束后按酒水实际用量结算

活动2 酒会中工作程序

工作日记 不能擅作主张

活动场地：某定时消费酒会。

出场角色：调酒师小徐（我）。

情境回顾：定时消费酒会即酒会限定服务时间，不限普通酒水供应，酒会结束后按酒水实际用量结算。在众多酒会接待任务中，我曾参与了一个定时消费酒会的服务工作。

酒会进行过程中总会有客人点酒吧设置中没有供应的酒水品种。一般来说，如果是一般品牌的酒水，可以尽量满足客人需要。然而，有位客人对我说他想要一杯“路易十三白兰地”。对此，我马上向领导作请示。其实，名贵酒水一般都不作零杯销售，况且在酒会上如果有客人欲私下取用名贵酒水，酒会承办方应先征得举办酒会的主人同意后方可向客人供应。

角色任务：以调酒师小徐的身份，学习酒会中的服务工作。

酒会中的工作程序

1. 迎接客人，递送酒水

当酒会开始时，所有酒会的调酒师、服务员都应面带微笑，站在各自的工作岗位上随时为客人提供服务（图5-6）。

图5-6　迎接客人

所有酒会在开始的10分钟是最拥挤的。第一轮的饮料，应在10分钟内全部送到客人手中。大、中型酒会主要以服务员托送的方式把饮料呈给客人，所以当服务员到吧台取酒水时，调酒师应迅速准确地提供酒水。如果客人站在吧台前，调酒师应主动为客人提供服务。

2. 补充杯具

酒会开始10分钟后，酒吧的工作压力会逐渐降低。因第一轮的饮料已基本送出，所以临时吧台上的酒杯也基本清空。此时，调酒师应开始补充第二轮杯具，数量与第一轮相同。

3. 斟倒第二轮酒水

当酒会开始约15分钟后，客人就会开始饮用第二杯酒水。此时，调酒师应根据客人在第一轮的饮用情况（各种饮料受欢迎的程度），迅速地往干净的酒杯中倒入第二轮酒水。

4. 补充杯具和酒水

当酒会进入正常运作阶段，调酒师要及时到洗消间补充干净杯具。同时，根据客人酒水的饮用情况，适当补充一些客人喜欢的酒水饮料品种，以保证供应（图5-7）。

图5-7　递送酒水

5. 巡台服务

酒会过程中，吧台、会场要一直保持干净整齐，客人用过的杯子要及时撤走。调酒师或酒会服务员应及时为客人续加酒水、补充服务用品，做好巡台服务工作。

知识延伸

酒会酒水供应高潮

酒会酒水供应高潮指客人饮用酒水比较多的时段，也就是酒吧供应饮品最繁忙的时段。酒水供应高潮通常出现在酒会开始前、后的10分钟内，或者是在酒会开始前的各类活动仪式后。如果是自助餐酒会，在用餐前、后也是酒会酒水供应的高潮。

想一想

为什么酒会中吧台上的酒杯必须摆放整齐？

（1）可让客人感觉到酒会的气氛和专业的服务；

（2）如果随便摆放酒杯，会让客人误以为是喝过或用剩的酒水。

活动3　酒会后工作程序

工作日记　客人的投诉处理

活动场地：某定额消费酒会。

出场角色：调酒师小徐（我）、实习生小林。

情境回顾：工作中的一段对话。

小林：“小徐，当遇到客人对酒会的服务不满意而投诉时，我们应如何处理呢？”

小徐（我）：“首先要让客人说出他们的不满、感受和要求，并为发生的事情致歉。”

小林：“不管谁对谁错吗？”

小徐（我）：“没错，客人永远是对的。与客人争吵我们一定会输！”

小林：“我们会输掉什么？”

小徐（我）：“经济效益和社会效益。”

小林：“除了聆听和道歉外，我们还要做些什么？”

小徐（我）：“在客人面前复述客人投诉的内容，让客人知道你在用心聆听，然后向客人解释你将如何解决这个问题，若自己不能解决，你要向客人解释将离开一会儿向经理汇报并马上回来。”

小林：“客人的投诉对酒店一定会产生负面影响吗？”

小徐（我）：“不一定。我倒觉得客人的投诉更利于酒店的发展，因为它能让我们发现工作中的不足，能让酒店更有效地开展服务工作。”

角色任务：以调酒师小徐的身份，学习酒会后的工作。

酒会后的工作程序

1. 清点酒水用量

在酒会结束前10分钟，调酒师可开始清点酒水，对照“酒会接待计划”逐项统计酒水实际用量并填写一式三联的“酒会酒水销售表”。一联送交成本会计室，一联交酒水部作酒水盘存依据，一联交收款员作结账依据。

2. 收吧工作

当客人全部离场后，调酒师应马上把所有结余的酒水、调酒用具和服务用具运回酒吧（图5-8）；撤走临时吧台，恢复功能厅原貌。

图5-8　收吧工作

知识延伸

一、模拟酒会酒水销售表（表5-5）

表5-5　酒会酒水销售表

酒会日期：××年××月××日　　酒会时间：15:00 — 16:00

酒会名称：产品展示酒会　　酒会类型：定额消费酒会

酒会地点：宴会厅　　酒会人数：200人

编号	酒水名称	规格	单位	领用数量	实际用量	退还数量
0124	红牌威士忌	750 mL	支	2	2	/
0155	哥顿金酒	750 mL	支	1	1	/
0168	轩尼诗VSOP	750 mL	支	1	1	/
0501	酒店专用红酒	750 mL	支	6	6	/
0502	酒店专用白酒	750 mL	支	6	6	/
0401	喜力啤酒	330 mL	罐	72	72	/
0410	青岛啤酒	330 mL	罐	72	72	/
1401	新的橙汁	840 mL	支	1	1	/
1403	新的黑加仑子汁	840 mL	支	1	1	/
1403	新的杧果汁	840 mL	支	1	1	/
1501	可口可乐	330 mL	罐	48	48	/
1511	雪碧	330 mL	罐	48	48	/
1532	屈臣氏汤力水	345 mL	罐	12	12	/

续表

编号	酒水名称	规格	单位	领用数量	实际用量	退还数量
1543	屈臣氏苏打水	345 mL	罐	12	12	/
…	…	…	…	…	…	…

注：

由于酒会属于定额消费酒会，即酒水成本与服务时间已确定，所以从表格中可看出，当日提供的酒水品种与数量已在酒会前确定。酒会结束后，客人可将剩余的酒水原料带走，调酒师不用填写退还数量。

如果酒会属于计量消费酒会，即酒会不限时间、不限品种，表格中的酒水品种会相应增加，领用数量也会偏大。当酒会结束后，必须登记剩余数量，即退还数量，而客人则按酒水的实际用量结算。

二、酒会成本预算

酒会酒水成本率指酒水实际成本总额在酒会酒水营业收入中所占的百分比。四、五星级的酒店酒会酒水成本一般应控制在15% ~ 25%；三星级酒店应控制在20% ~ 30%；自助餐酒会成本预算中，食品消费占60% ~ 70%，酒水消费占30% ~ 40%较合理；非用餐形式的正式酒会成本预算中，食品消费约占20%，酒水消费约占80%较合理。

想一想

为什么统计酒会酒水实际用量时，工作要认真细致？

酒会结束时，酒水用量应立即清点清楚，并由调酒师填写“酒会酒水销售表”，交到收款员处结账。这项工作要求数字准确、实事求是，不能乱填。因为许多客人对饮品的用量都很清楚，稍作计算即可知道数量是否合理，如果数字统计不合理，哪怕是调酒师一时的粗心大意，都会让客人觉得酒店不诚实。调酒师一定要按照实际用量填写，不能报虚数。即便是实际用量很大，也要给客人合理的解释。否则在结账问题上会引起许多麻烦。

课后练习

一、简答题

酒会按收费方式分哪四大类？哪一类最常见？

二、判断题

1.（　　）酒会酒水的准备应在酒会开始前30分钟准备完毕。

2.（　　）设置临时酒吧的最佳位置应尽量靠近入口不远的地方，以便主人招呼客人。

3．(　　)收到酒会布置通知单后，应留意酒会的性质、举办的地点、时间和人数等。

4．(　　)鸡尾酒会的特点是客人多而集中、供应量大及速度快，所以饮料的供应多以简单的混合饮料（Mixed Drinks）为主。

三、单项选择题

1．酒会酒水数量一般是按照每人每小时（　　）杯左右的量准备。

A．6　　B．11　　C．13　　D．3

2．酒会酒水的准备应在酒会（　　）准备完毕。

A．开始前5分钟　　B．开始后10 ~ 20分钟内

C．开始后5 ~ 25分钟内　　D．开始前半小时

3．根据酒会酒水供应情况，酒杯的品种通常以（　　）、高杯和啤酒杯为主。

A．宾治杯、鸡尾酒杯　　B．柯林杯、果汁杯

C．宾治杯、古典杯　　D．鸡尾酒杯、古典杯

4．为酒会准备的酒杯数量要充足，一般是根据酒会人数，按（　　）的比例准备，确保每人有合适数量的酒杯。

A．6 : 1　　B．1 : 7　　C．1 : 5　　D．1 : 3

5．酒会酒水成本率是（　　）。

A．固定不变的

B．不根据酒会酒水营业收入的变化而变化的

C．根据酒水实际成本总额的变化而变化的

D．根据销售的酒水品种而变化的

6．进行一般自助餐酒会预算时，（　　）。

A．食品消费占30% ~ 50%，酒水消费占70% ~ 50%

B．食品消费占60% ~ 70%，酒水消费占30% ~ 40%

C．食品消费占40%，酒水消费占60%

D．食品消费占85%以上，酒水消费占15%以下

任务导入 营业结束意味着酒吧一天的运作将要停止。清理酒吧、盘点酒水、安全检查是营业结束工作中十分重要的环节。认真完成每项工作是酒吧翌日正常营运的基础。此项工作一般安排在晚班下班前进行。

任务4
营业结束工作

学习目标

1. 掌握清理酒吧的工作内容；
2. 掌握酒水盘存的相关知识。

预备知识

营业的结束工作主要有以下内容：清洁酒杯和调酒用具—填写各类报表—锁酒柜—清理装饰物—倒垃圾—清理台凳—清洁前吧台、工作吧台和后吧台—清理星盘—清理吧内地面—切断电源—全面安全检查—锁门。

活动1 清理酒吧

工作日记 擦瓶口

活动场地： 音乐酒吧。

出场角色： 调酒师小徐（我）、实习生小林。

情境回顾： 营业结束后，我让新来的实习生把酒瓶全部收到酒水存放柜内摆好。

小林："小徐，所有酒瓶都要先擦一遍吗？"

小徐（我）："是的，特别是散卖和调酒用过的酒要用湿毛巾把瓶口擦干净再放入柜中。"

小林："为什么要擦瓶口？"

小徐（我）："首先，这是卫生工作的标准。其次，我们必须按照设定的操作规程完成工作任务。擦瓶口可让瓶盖打开时更顺畅，便于操作。”

小林：“我知道了，如果开瓶盖时不顺畅，是因为残留在瓶口处的甜酒液把瓶盖粘住了。”

小徐（我）：“很好。在两年前，我也问过同样的问题，当时我也是实习生。”

角色任务：以实习生小林的身份，学习酒吧清理。

清理酒吧的工作内容

1. 清洁杯具和调酒用具

一般情况下，酒吧于营业结束前15分钟，应告知客人作最后的酒水点单。当客人全部离开酒吧后，把用过的酒杯、工具全部统一清洗干净，工具要收回到工作柜内锁好。

2. 填写各类报表

填写酒水盘存表、每日工作报告，根据酒吧库存和当日销售情况填写酒水原料领货单。

3. 锁酒柜

把后吧、工作吧中所有的酒瓶擦干净后收回酒水存放柜内摆放整齐并上锁（图5-9）。

图5-9　锁酒柜

4. 清理装饰物

所有水果装饰物必须全部丢弃，不可留到次日再用，未作刀工处理干净完整的水果应用保鲜膜包好放到冰箱内保鲜。

5. 倒垃圾

除倒掉酒吧内所有垃圾外还应保证垃圾桶干净、无污渍，否则第二天早上酒吧就会因垃圾发酵而充满异味。

6. 清理台凳

擦干净桌面及座椅，要求无污物，恢复酒吧台凳的摆放原貌。

7. 清洁前吧台、工作吧台和后吧台

擦拭各吧台正面和侧面，使之光亮无污渍。

8. 清理星盘

把星盘内剩下的冰块全部倒掉，用清洁剂清洗每一个盘槽，最后统一用干布擦干净，要求无积水、无污渍。

9. 清理吧内地面

先用扫把清扫，然后用拖布将地面擦干净，地面必须干爽和洁净。

10. 切断电源

应切断除冰箱、制冰机外的一切电源，包括灯、电视机、咖啡机、搅拌机、咖啡炉、生啤酒机、空调和音响等。

11. 全面安全检查

清理、清点工作完成后要再全面检查一次，特别是火灾隐患。消除火灾隐患在酒店中是一项非常重要的工作，每个员工都要担负起责任。

12. 锁门

锁好酒吧大门，将酒吧钥匙交至前厅保管，同时要在交匙登记本上填写酒吧名称、交钥匙时间和本人姓名。

想一想

为什么冰箱、制冰机营业结束后不用切断电源？

（1）冰箱要 24 小时对个别原料保鲜，延长酒水原料保质期以及使酒水预冷；

（2）制冰机要不断制冰，补充营业中消耗的冰块。

知识延伸

什么是每日工作报告？

每日工作报告是营业状况的记录表，主要用于分析各酒吧营业和服务状况，通常由酒吧领班填写。当日营业额、客人人数和平均消费额等数据可从收款员处获得。

活动2　盘存酒水

工作日记　盘点出现的数字误差

活动场地：某宴会前的酒会。

出场角色：调酒师小徐（我）、实习生小林。

情境回顾：工作中的一段对话。

小林："盘存酒水时，报表上的实存数与实际库存量会经常出现误差吗？"

小徐（我）："偶尔会有的！"

小林："造成误差的原因是什么？"

小徐（我）："盘存表中数字统计出错，营业中出现重复开单或漏开单现象，酒水出品时数量出错，没有及时登记酒水调拨的情况等。"

小林："如果出现以上情况时该怎么办？"

小徐（我）："再一次盘存酒水原料，看是否计算错误；再次检查点酒单，看是否出现重复开单或漏开单现象；检查是否发生酒水调拨情况；检查上一班次实存数与本班次开吧基数是否相同。如未能发现任何情况应报告经理……”

角色任务： 以实习生小林的身份，学习酒水盘存知识。

一、模拟酒水盘存表（表5-6）

表5–6　酒水盘存表

部门：大堂酒吧　　　　日期：××年××月××日 晚班

编号	品种名称	单位	基数	领入	调进	调出	售出	实存	备注
0101	皇冠伏特加	瓶	2	2		1	/	3	
…	…		…	…	…	…	…	…	…
0218	甘露咖啡酒	瓶	3	/	2	/	3.5	1.5	
…	…		…	…	…	…	…	…	…
0401	喜力啤酒	瓶	124	72	/	/	120	76	
…	…		…	…	…	…	…	…	…
0628	雀巢三花淡奶	罐	10	/	/	/	3.3	6.7	
…	…		…	…	…	…	…	…	…

制表人：×××　　　　领班签名：×××

主要填写如下内容：

编号——酒店对酒水原料的自编码。

品种名称——酒水原料的全称。

单位——酒水原料的计算单位。

基数——开吧基数或晚班接班时酒水的实存数。

领入——当日领货数量。

调进——营业中，各酒吧之间酒水原料的临时调拨数。

调出——营业中，各酒吧之间酒水原料的临时调拨数。

售出——当班营业销售的酒水数量。

实存——营业结束后清点库存的实存数。

制表人——当值调酒师。

领班签名——当值领班签名确认。

二、实际盘存数的计算方法

基数+领进数+调进数-调出数-售出数=实际盘存数

知识延伸

图5-10　盘点酒水

酒水盘存工作应注意的事项

（1）每班次当值调酒师都必须进行酒水盘点工作（图5-10）；

（2）交班或上班前首先要检查盘存表中开吧基数或实存数与库存实际数量是否相同；

（3）填写盘存表的字迹要工整、清晰、不涂改；

（4）填写盘存表时，领入数应与酒水原料领货单“实发数量”相同，酒水原料领货单附在盘存表后；

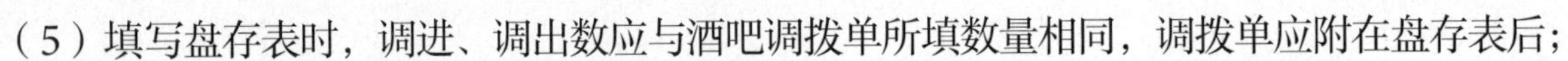

（5）填写盘存表时，调进、调出数应与酒吧调拨单所填数量相同，调拨单应附在盘存表后；

（6）当日售出数应与当日点酒单统计数字相等；

（7）盘点酒水时多采用目测法，即把瓶装酒平分10等份（0.1瓶）来计算用量。

想一想

对酒水盘存的目的是什么？

（1）防止失窃；

（2）掌握存货出入的流动率，调整标准库存量；

（3）掌握销售流量不高的酒水，调整销售内容。

课后练习

一、简答题

若在酒水盘存表中显示某种酒水的开吧基数为10，领进数为5，调进数为4，调出数为2，售出数为9，请计算该种酒水的实际盘存数。

二、判断题

1.（　　）售价是60元，成本为9元的饮料其成本率为15%。

2.（　　）调酒师在营业前或交接班时，一律要清点存货，并填写领货申请单，补足存货。

3.（　　）营业结束后，调酒师应清点存货，填写酒水盘存表、酒水原料领货单及检查水、火、电，安全后才可离去。

4.（　　）酒吧若遇生意不好，酒水销售不佳，酒水盘存表可数天结算一次。

5.（　　）填写酒水盘存表时，当日扣减的酒水用量应与当日点酒单上的用量相等。

6.（　　）饮品成本是通过酒谱中的配方计算出来的。

7.（　　）营业结束时应断开所有电器电源才能离开。

8.（　　）酒吧内的各类酒类原料下班前必须盘点。

9.（　　）一般情况下，酒吧于营业结束前15分钟，应告知客人作最后的酒水点单。

10.（　　）营业结束后，生啤机、咖啡机仍需维持正常工作，不必关闭电源。

11.（　　）营业结束后，所有水果必须全部丢弃，以保证每天新鲜。

12.（　　）营业结束后，未洗完的杯具等器皿，可留待早班实习生清洗。

13.（　　）营业结束后，制冰机必须断开电源，以防止浪费电力。

14.（　　）下班时间已到，吧台还有客人在喝酒，可请客人立刻离去。

15.（　　）在酒吧酒水盘存表中，"售出数"反映了酒吧当天的酒水销售情况。

16.（　　）为掌握存货出入的流动率，调酒师应每日填写酒水盘存表。

17.（　　）成本控制就是尽量节省，压低成本以获得较高的毛利。

18.（　　）每瓶酒的容量减消耗量除以每份的容量等于销售份数。

19.（　　）不管是单杯或整瓶或调酒销售的数量都必须加以计算，以保证销售总成本的准确性。

20.（　　）昨日营业结束后酒水的实际盘存数应与今日营业前的酒水存量相同。

21.（　　）营业结束后应核对酒水盘存表结存数与实际数量是否吻合。

22.（　　）酒水盘存表中一定会有基数、领入数、售出数及存数四大栏。

23.（　　）酒吧营业前的准备工作俗称"开吧准备"，酒水盘点是开吧准备的一项重要工作。

24.（　　）清洁吧台地板时，应挂上警告牌，直到地板全干。

三、单项选择题

1．不属于营业结束后安全检查内容的是（　　）。

A．盘存酒水　　B．关闭电灯　　C．关闭水源　　D．关闭空调

2．清点酒水多用目测法，瓶装酒可平分（　　）。

A．5等份　　B．10等份　　C．12等份　　D．15等份

3．营业结束前的酒水盘存工作由（　　）负责。

A．调酒师　　B．出纳　　C．酒吧服务员　　D．酒吧领班

4．营业结束盘存酒水时，发现盘存表上的存量与实际存量有误差时，应再仔细检查，下列错误的是（　　）。

A．再次盘存酒水原料，看是否计算错误

B．再次检查点酒单，看是否出现重复开单或漏开单现象

C．检查是否发生酒水调拨情况

D．责问服务人员是否偷喝酒

任务导入 酒吧在每一季度或每月都会推出一些新饮品。这些饮品包括软饮料、酒精饮料。创作新饮品最忌讳随波逐流。长袖善舞的优秀调酒师，其思维总能领先于市场，构思出的新品总有独特之处，正所谓人无我有，人有我优。

任务5
创作饮品

学习目标

1. 了解饮品创作的原则；
2. 把握饮品创作的方法与途径；
3. 运用饮品创作知识，能独立创作饮品。

预备知识

创新的饮品，应以客人能否接受为第一标准。创作要遵守调制原理，特别是鸡尾酒，要注意味道搭配。饮品的制作过程不宜太复杂，应便于操作，成本合理，具有商业价值。

活动1 掌握饮品的创作方法

工作日记 饮品创作

活动场地：音乐酒吧。

出场角色：调酒师小徐（我）。

情境回顾：饮品创作是我最喜爱的一项岗位工作。我认为，欲创作出别具风格、具有市场价值的好作品，首先要求调酒师具有良好的综合素质、扎实的技能基础，通过百折不挠地试制才能达到。我成功过，同事们说：“小徐真棒，你创作的饮品很好喝。”我也失败过，只能笑着对同事们说我会继续努力。

试制新饮品无论成功还是失败，每当试制结束后，新来的实习生们也能对饮品的创作展开积极的讨论。记得有位实习生问道：“小徐，你说我可以将酒水直接倒入整个椰子里与天然椰汁混合，加上吸管出品给客人饮用吗？”这一刻，我仿佛看到了两年前的我——一位对工作充满热情，对知识、技能渴求的实习生！

角色任务：以调酒师小徐的身份，总结饮品创作的方法与途径。

一、饮品创作的方法与途径

1. 寻找新材料

近年来，在创新饮品的配方中可以看到，使用新材料逐渐成为创作饮品的主流。一些进口原料的使用，一些不起眼的果汁，通过调酒师们的发掘和巧妙搭配，创制出款款口味全新的品种。为此，作为调酒师，应特别留意原料市场的变化与信息，尝试使用一些以前不曾使用的新材料来创作新品种。目前，不少高级酒吧还拥有自己研发的饮品半制品。

2. 演变操作手法

演变操作手法也是近年来创作饮品的途径之一。调酒操作手法一般分为英式和美式两种。前者服饰标准，动作规范，配方统一，操作过程中使用量酒器，在酒店及西餐厅中较常使用。后者则是以英式调酒手法为基础，加入杂技元素，配合强劲的音乐，使其更具有时代性、观赏性、刺激性的一种时尚调酒手法。

操作手法的合理运用可为饮品增加更多的附加值。

3. 设定成品形态

成品形态指饮品成形后的状态，包括液态、固态或冰沙状等。

4. 设定盛载容器

饮品载杯外形美观，装饰得体，往往给人一种美的视觉享受，更体现饮品的艺术性与技术性的统一。随着社会的进步，人们所追求的饮品不但要好喝，还要好看，出品要有独特的外观质感。一些新派饮品的创新往往集中体现在饮品的盛载容器上，这使饮品更具艺术魅力。

盛载容器一般情况下均选用玻璃容器。除常见形状外，创作者还可根据饮品作品的特点定制与之相配合的形状。此外，目前为数不少的酒吧已开始使用另类载体，如试管、发光塑料杯具。

二、操作实例

冰冻的鱼缸

1. 冰冻的鱼缸（Frozen Fishbowl）

项目	名称	用量	参考图
原料	百加得朗姆酒（Bacardi Rum）	1.5 oz	
	碎冰（Crushed Ice）	450 g	
	鲜青柠檬汁（Lime Juice）	0.5 oz	
	蜜桃糖浆（Peach Syrup）	1 oz	
	蓝橙糖浆（Blue Curacao Syrup）	1.5 oz	
	白糖浆（Su gar Syrup）（1:2）	0.5 oz	
	水（Water）	3 oz	
酒杯	飓风杯（Hurricane）	1个	
装饰	橙片、柠檬片、青柠檬片、绿色吸管、鱼形软糖、海星软糖、小花伞	1套	
制法：搅和法（Blending）			
酒精指数（Alcohol Index）：☆☆☆☆☆			
口感指数（Dainty Index）：★★★☆☆			

蓝天白云

2. 蓝天白云（Sky & Clouds）

项目	名称	用量	参考图
原料	碎冰（Crushed Ice）	450 g	
	鲜青柠檬汁（Lime Juice）	1/2 oz	
	蓝橙糖浆（Blue Curacao Syrup）	2 oz	
	白糖浆（Sugar Syrup）（1:2）	1 oz	
	水（Water）	3 oz	
酒杯	飓风杯（Hurricane）	1个	
装饰	打发忌廉、柠檬片	适量	
制法：搅和法（Blending）			
酒精指数（Alcohol Index）：☆☆☆☆☆			
口感指数（Dainty Index）：★★★☆☆			

热情花果山

3. 热情花果山（Passionate Flower And Fruit Mountain）

项目	名称	用量	参考图
原料	红酒（Red Wine）	3 oz	
	红糖浆（ grenadine Syrup）	1/4 oz	
	草莓糖浆（Strawberry Syrup）	1/4 oz	
	香橙糖浆（Oran ge Syrup）	1 oz	
	白糖浆（Su gar Syrup）	1/2 oz	
	青柠汁（Lime Juice）	1/3 oz	
	苏打水（Soda Water）	3 oz	
酒杯	飓风杯（Hurricane）	1个	
装饰	青柠檬片、黄柠檬片、薄荷叶、橙片、草莓片	适量	
制法：调和法（Stirring）			
酒精指数（Alcohol Index）：★☆☆☆☆			
口感指数（Dainty Index）：★★★★☆			

分 子 鸡 尾
酒—丛林鸟

4. 分子鸡尾酒－丛林鸟（Molecular Cocktails－Jun gle Bird）

项目	名称	用量	参考图
原料	调配菠萝汁（Pineapple Mixed Juice）	5 oz	
	糖球（Su gar Jelly Ball－Sphere）	15粒	
	冷冻金巴利（Frozen Campari）	1 oz	
	冷冻稀释白朗姆酒（Frozen Diluted White Rum）（20%Vol.）	2 oz	
	冷冻黑朗姆酒（Frozen Dark Rum）	1 oz	
酒杯	柯林杯（Collins）	1个	
装饰	苹果雕刻小鸟	1套	
制法：兑和法、起层法（Building & Layering）			
酒精指数（Alcohol Index）：★★★★☆			
口感指数（Dainty Index）：★★★☆☆			

知识延伸

饮品半制品的定义

为提高出品效率及调制出拥有自己特色的饮品，不少酒吧都开始研发饮品半制品。本书中提及的椰林飘香液均属此类，除此以外还有红酒糖浆、茶金、血腥玛丽混合液等。饮品半制品一般由多种材料通过浸泡、熬煮、勾兑等工艺制作而成，配方与做法保密。

想一想

饮品创作应具备哪几方面条件？

（1）有创作灵感、有见识、有悟性；

（2）有经验、有技术；

（3）有材料、有设备。

活动2　自创饮品

工作日记　成功非偶然

活动场地：音乐酒吧。

出场角色：调酒师小徐（我）。

情境回顾：今天，一年一度的“新奇饮料配方大赛”终于在酒店的音乐酒吧举行。这是一场期待已久的比赛，也是我汇报成绩的好时候。作为选手之一，我既兴奋又紧张，在经理和各位前辈的支持下，我运用了两年来在工作岗位上所学到的调酒知识，大胆尝试和创新，现场调制了一款以新鲜加州提子和罗勒叶为主料的鸡尾酒，命名为“ 罗勒特饮 ”。这款鸡尾酒是一款新奇、健康和可口的混合饮品，风味特殊，清甜的加州提子散发出淡淡的“罗勒叶”香，独特的口感、优雅的造型和娴熟的技巧赢得了在场评委们的一致好评，最终获得了一等奖。

角色任务：依照饮品创作的方法与途径，自创鸡尾酒。

一、寻找新材料创作实例（表5-7）

制法：

（1）把罗勒叶、草莓放入摇壶中用压棒挤压果汁；

（2）在摇壶中加入适量冰块；

（3）按量倒入其他酒水原料并摇匀；

（4）连冰块一起倒入柯林杯中；

（5）用罗勒叶在杯口上作装饰。

表5-7　罗勒特饮（Basil grande）

项目	名称	用量
原料	伏特加（Vodka）	1 oz
	香博利口酒（Chambord）	1 oz
	君度酒（Cointreau）	1/2 oz
	红莓汁（Cranberry Juice）	4 oz
	罗勒叶（Basil Leaves）	6片
	鲜草莓（Fresh Strawberry）	2个
酒杯	12 oz柯林杯（Collins）	1个
装饰	罗勒叶（Basil Leaves）	适量

二、演变制作手法创作实例（表5-8）

表5-8　西北岛（Key West Cooler）

项目	名称	用量
原料	蜜瓜酒（Melon Liqueur）	1 oz
	菠萝汁（Pineapple Juice）	3 oz
	红莓汁（Cranberry Juice）	3 oz
	冰粒（Ice Cubes）	1/2杯
酒杯	12 oz柯林杯（Collins）	1个

制法：（运用花式调酒手法调制鸡尾酒）

（1）在柯林杯中装1/2杯冰粒；

（2）在美式摇壶中加入适量冰块，倒入菠萝汁轻轻摇晃；

（3）把菠萝汁滤入柯林杯中；

（4）使用酒嘴直接在杯中注入蜜瓜酒；

（5）最后直接倒入红莓汁。

花式调酒手法

知识延伸

花式调酒的定义

花式调酒是在传统鸡尾酒调制的基础上逐渐演变发展起来的一种调酒形式。它是调酒师为营造酒吧气氛，在调制鸡尾酒过程中，利用酒瓶、酒杯、摇酒壶等器具以及斟酒、摇酒的姿势，伴随着激情的音乐，做出一系列连贯并具有观赏性的表演动作。由于表演者动作快、花样多，变幻莫测，故被称为花式调酒（图5-11）。

图5-11　花式调酒

课后练习

一、简答题

1．饮品创作的原则有哪些？

2．饮品创作的方法与途径有哪些？

二、判断题

(　　)易于推广是饮品创作原则之一。

三、单项选择题

鸡尾酒的创作原则包括(　　)和色彩鲜艳、独特。

A．调制难度大、配方繁杂

B．配方繁杂、口味力求甜腻

C．新颖性、配方繁杂

D．新颖性、易于推广、口味卓绝

想一想

展开想象力，创作一款属于自己的独创饮品。

主要参考书目

1. 刘雨沧.调酒技术［M］.北京：高等教育出版社，2004.
2. 杨真.国家职业资格培训教程：调酒师［M］.北京：民族出版社，2003.
3. 姜玲，贺湘辉.酒吧服务员工作手册［M］.广州：广东经济出版社，2007.

读者意见反馈

为收集对教材的意见建议，进一步完善教材编写并做好服务工作，读者可将对本教材的意见建议通过如下渠道反馈至我社。

咨询电话　400-810-0598

反馈邮箱　zz_dzyj@pub.hep.cn

通信地址　北京市朝阳区惠新东街4号富盛大厦1座
高等教育出版社总编辑办公室

邮政编码　100029

防伪查询说明

用户购书后刮开封底防伪涂层，使用手机微信等软件扫描二维码，会跳转至防伪查询网页，获得所购图书详细信息。

防伪客服电话

（010）58582300

学习卡账号使用说明

一、注册/登录

访问http://abook.hep.com.cn/sve，点击“注册”，在注册页面输入用户名、密码及常用的邮箱进行注册。已注册的用户直接输入用户名和密码登录即可进入“我的课程”页面。

二、课程绑定

点击“我的课程”页面右上方“绑定课程”，在“明码”框中正确输入教材封底防伪标签上的20位数字，点击“确定”完成课程绑定。

三、访问课程

在“正在学习”列表中选择已绑定的课程，点击“进入课程”即可浏览或下载与本书配套的课程资源。刚绑定的课程请在“申请学习”列表中选择相应课程并点击“进入课程”。

如有账号问题，请发邮件至：4a_admin_zz@pub.hep.cn。